잠 못들 정도로 재미있는 이야기

수와 수식
數　數式

고미야마 히로히토 감수 | **김지애·기승현** 감역 | **김정아** 옮김

BM (주)도서출판 **성안당**

수학이라는 두 문자가 눈에 들어오자마자 '수학은 무리야'라고까지는 말하지 않더라도 막연히 어려운 과목이라고 생각하는 사람이 많을 것입니다. 오죽하면 '수포자'라는 말이 생겨났을까 싶기도 합니다. 이 책은 수식을 보기만 해도 머리가 아파 외면하는 사람을 위한 수학 읽기 책입니다.

2020년부터 시작된 학습 지도 요령에서는 회화 능력을 중시하고 있습니다. 사람과 사람의 생각과 마음을 잇는 방법인 커뮤니케이션 능력이 각광을 받는 시대입니다. 여기에는 주로 얘기하고 읽고 쓰는 능력을 포함하지만 말하는 것 외에도 기호를 사용해서 의사를 전달하는 것도 포함됩니다. 일본어라면 한자와 히라가나, 가타가나를 사용하고, 아, 이, 우 등 기호를 조합해서 기분을 표현합니다. 영어와 독어, 불어라면 a, b, c, … 등 알파벳이라는 기호로 사용합니다. 한글 문자, 아라비아 문자도 기호입니다.

수학 책인데 머리말에서 언어 이야기를 하는 것은 왜일까요?

사실 수학 수식은 거의 전 세계에서 통용되는 기호를 사용하고 있습니다. 영어, 중국어, 한국어, 일본어 등의 언어는 해당 언어를 사용하는 국가에서만 통합니다. 그렇지만 $1 + 2 = 3$, $(a-b)^2 = a^2 - 2ab + b^2$과 같은 수식과 $\sqrt{\ }$, π, $\triangle$, $\angle$, $\sum$와 같은 기호는 전 세계 공통 기호입니다. 수학을 배운 사람이라면 수학에 관해서는 기호와 식만으로 서로 이해할 수 있는 것입니다. 그야말로 글로벌 사회에서 통하는 공통 언어라고 하면 수식과 수학 기호라고 해도 좋을 것입니다.

수학에는 두 가지 얼굴이 있습니다.

하나는 실용적인 수학이라는 얼굴입니다. 고대 바빌로니아와 이집트에서는 생활과 밀착된 수학이 발달했습니다. 토지의 넓이를 측정하기 위해 문자와 숫자가 발명된 것을 시작으로 수학 지식이 축적되었을 것으로 예측됩니다. 기원전 1800년경에는 아메스 파피루스라는 수학책이 존재했던 것이 알려져 있습니다. 또한 수학 덕분에 산업혁명 이후 과학 기술이 비약적으로 발달한 것도 사실입니다.

또 하나는 신비한 아름다움이라는 얼굴입니다.

수학 기호만으로 정연한 공식과 정리를 도출해내는 신비한 행위와 아름다움에 매료되는 사람도 많을 것입니다.

기원전 570년경 그리스의 수학자 피타고라스도 그중 한 사람입니다. 사실 피타고라스는 저명한 철학자이기도 합니다. 피타고라스학파는 세계의 근원은 '수'라고 주장하고 수의 신비한 아름다움을 최초로 인식한 사람들이라고 알려져 있습니다.

이 책은 수학의 실용적인 면과 신비한 면 모두를 염두에 두고 적었습니다. 수학이 무엇인가 자신에게 도움이 될 것 같다고 생각하게 된다면 저자로서 그 이상의 기쁨은 없을 것입니다. 마지막으로 수학책을 읽는 한 가지 팁을 전달할까 합니다. 모르는 것이 있어도 신경 쓰지 말고 다음 장으로 넘어가세요. 꼭 실천해보기 바랍니다.

맺음말을 읽으면 이 팁의 의미를 알 수 있습니다. 자, 수학의 세계로 여행을 떠나볼까요?

고미야마 히로히토(小宮山博仁)

머리말 2

제3장

학창 시절에 배운 수식   57

6

제4장

일상생활과 수식 93

제 **0** 장

수와 식이란 도대체
무엇인가?

01 수의 탄생과 여러 가지 단위 이야기

우리는 일상생활에서 대수롭지 않게 수(數)를 사용하고 있는데, 그렇다면 수는 언제쯤 탄생한 것일까?

유라시아 대륙에서 가장 오래된 문명으로 여겨지는 메소포타미아 문명(기원전 3,500년 전)의 유적 가운데 점토판에 적힌 쐐기 모양의 문자 속에 숫자가 등장하므로 이 무렵이 수의 기원이 아닐까 추측된다.

1에서 100까지 숫자를 셀 수 있는 아이가 100개의 구체적인 사물을 헤아릴 수 있는 것이 아니라는 이야기를 들은 적이 있다. 그것은 수는 양을 나타낸다는 것을 이해하지 못하기 때문이다.

수에는 단위가 있다. 초등학교에서는 만, 억, 조와 같은 수의 단위를 배운다. 그러나 큰 수를 나타내는 단위는 이뿐만은 아니다. 일본 에도시대의 숫자서에는 더 나아가 경, 해, 자, 양, 구, 간, 정, 재, 극, 항하사, 아승기, 나유타, 불가사의, 무량대수와 같은 수의 단위가 적혀 있다. 참고로 1무량대수는 69자리(10의 68제곱으로 1 뒤에 0이 68개나 온다)라는 말도 안 되는 큰 수이다.

이렇게 큰 수를 알기 쉽게 표기하는 편리한 방법이 바로 지수에 의한 표시이다. $10^2=100$, $10^3=1,000$ 등과 같이 10^n이라고 표기하면 1 뒤에 0이 n개만큼 오는 수를 나타낸다.

이와 같이 지수를 사용해서 큰 수를 간편하게 표기할 수 있다. 예를 들면 1무량대수는 10^{68}이라고 나타낼 수 있다.

또한 1보다 작은 수를 나타내는 단위로서 할, 푼, 리, 모 등 21개의 단위가 있다. 수에는 1, 2, 3,… 과 같은 양의 정수와 −1, −2, −3,… 과 같은 음의 정수 그리고 $\frac{1}{2}$, $\frac{1}{3}$과 같은 정수가 아닌 유리수 등이 있다.

수의 단위

1,000,000,000,000,000

⇧ 　　　　　 ⇧ 　　　　　 ⇧
조 　　　　　 억 　　　　　 만

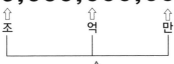

수의 단위는 조 뒤에 경, 해, 자…로 계속된다.

1무량대수

100,000,000,000,000,000,000,000,000,000,000,000,000,000,000,000,000,000,000,000,000,000,000,000

0이 68개 늘어선다.

0.00000000000000000……

⇧ ⇧ ⇧ ⇧
할 푼 리 모 ……

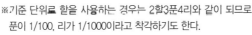

소수점 이하에도 단위가

※기준 단위로 할을 사용하는 경우는 2할3푼4리와 같이 되므로
푼이 1/100, 리가 1/1000이라고 착각하기도 한다.

수학 한마디 메모

정수에는 1, 2, 3과 같은 양수인 양의 정수와 −1, −2와 같은 음수인 음
의 정수가 있다. 양의 정수를 자연수라고 한다. 0은 자연수에 포함되기
도 하며 포함되지 않기도 한다.

수의 탄생과 여러 가지 단위 이야기

02 수와 수식에서 사용하는 기호에는 의미가 있다

초등학생이라면 1+1=2라는 계산을 아무런 의문도 없이 해낸다. 1, 2, 3…이라는 숫자가 있다고 해도 '+' 또는 '='와 같은 기호가 없으면 '1+1=2'는 '1에 1을 더하면 2가 된다'고 말로 표현해야 한다.

꽤나 복잡하다. 당연한 얘기지만 숫자가 이 세상에 탄생하지 않았다면 수식도 존재하지 않는다. 수학의 활용은 인류의 진화와 밀접한 관계가 있다고 해도 과언이 아니다.

초등학교에서는 가장 먼저 사칙연산(+−×÷)을 배운다.

너무나 당연하게 사용하고 있는 이들 기호에도 하나하나 의미가 있다.

제2장에서는 초등학교, 중학교 그리고 고등학교 수학에서 배우는 대표적인 기호를 소개했다.

'√' 또는 'π'와 같은 기호는 일상생활에서도 쉽게 접할 기회가 있지만, '| |'와 '!' 등의 기호는 그렇지 않다.

'!'은 놀라움이나 감탄을 나타내는 기호라고 생각해도 이상한 일은 아닐 것이다.

'| |'은 절댓값을 나타내는 기호이며, '!'은 계승을 나타내는 기호이다(제2장 참조).

제4장에서도 소개하겠지만 자신의 자산이 2배로 불어날 때까지의 기간과 이율의 관계도 하나의 수식으로 나타낼 수 있다. 수식에는 반드시 기호가 있어야만 성립한다. 다시 말해 수식과 기호는 떼려야 뗄 수 없는 관계에 있다.

수학에서 사용하는 주요 기호

$$+ \quad - \quad \times \quad \div \quad = \quad > \quad < \quad | \quad | \quad \pi$$

$$\sqrt{} \quad \triangle \quad \equiv \quad \perp \quad /\!/ \quad \angle \quad \theta \quad \infty$$

$$\sin \quad \cos \quad \tan \quad \log \quad \sum \quad \lim$$

$$\infty \quad ! \quad {}_nP_r \quad {}_nC_r$$

$$\subset \quad \cap \quad \cup \quad \emptyset \quad \ni$$

하나하나의 기호에는 각각 의미가 있다.

수

자연수	정수	짝수	홀수	소수	유리수
무리수	실수	허수	복소수 ··· 등		

수학 관련 주요 상

- · 필즈상(국제수학연맹)
- · 네반린나상(국제수학연맹)
- · 가우스상(국제수학연맹)
- · 아벨상(아벨기념재단기금)
- · 춘이상(일본수학회)
- · 베블렌상(미국수학협회)··· 등

수학 한마디 메모

수식에서 사용하는 기호는 많이 있다. 기호를 사용하는 것은 수학 세계
만은 아니다. 물리학에서 사용하는 저항값[Ω] 등 다양한 단위가 있다.

03 알고 있는 것 같아도 틀리기 쉬운 식

우선 다음 식을 계산해보기 바란다.

$$8 \div 2 \times (1+3)$$

얼마일까? '1'이라고 대답한 사람은 틀렸다. 답은 16이다. ( ) 안을 먼저 계산한다는 것은 알고 있지만 자칫하면 ( )로 묶여 있는 수와 먼저 계산하는 실수를 자주 한다. 이 식의 경우라면 $2 \times (1+3)$ 부분을 먼저 계산한다. $2 \times (1+3)=8$이므로 $8 \div 8=1$이 되어 '1'이라고 대답한다.

사칙연산에서는 왼쪽부터 계산하고 ( )가 있으면 그 부분을 먼저 계산하는 것이 규칙이다. ( )가 없으면 ×(곱셈)이나 ÷(나눗셈)을 먼저 계산하고 +(덧셈)과 −(뺄셈)은 그 후에 계산하는 것이 규칙이다.

또 하나 예를 들어보자.

$200 \div 4a$라는 식이 있다. $a = 5$라고 하면 답은 얼마일까?

250이라고 대답한 사람은 틀렸다. 답은 10이다.

'$4a$'의 부분을 먼저 정리하고 계산하지 않으면 틀린 답이 나온다. '$4a$'란 '$4 \times a$'라는 의미이다. '$200 \div 4a$'라는 식이 '$200 \div 4 \times a$'라면 $50 \times a$에서 a를 5로 하므로 50×5로 250이 정답이다. 그러나 '$4a$'를 먼저 계산해야 한다. 따라서 '$4 \times 5 = 20$'이므로 $200 \div 20$을 하면 10이 정답이 된다.

인터넷에서 발견한 재미있는 이야기를 하나 소개하면 '$30-2 \times 3$'은 얼마일까?라는 질문에 '4!'라고 당당하게 대답한 사람이 있었다. 정답이다! 24도 정답이다. '84'라고 대답한 사람은 왼쪽부터 계산했기 때문에 틀렸다(!에 대해서는 48쪽에서 설명한다).

$8 \div 2 \times (1+3)$

$8 \div 2 \times \underline{(1+3)}$

여기를 가장 먼저 계산한다.

$\underline{8 \div 2} \times 4 = 4 \times 4 = 16$

$\Longrightarrow$ 왼쪽부터 순서대로 계산한다.

$200 \div 4\,a\,(a=5$ 로 한다$)$

$200 \div \underline{4a}\ (a=5$ 로 한다$)$

$4 \times a$의 의미 = 먼저 계산한다.

$200 \div \underline{(4 \times 5)}$

먼저 계산하므로

$\Longrightarrow 200 \div 20 = 10$

사칙연산 문제

$$2 \times [\,2 + \{3 + (4-2)\} + 2\,] + 1$$

( ) { } [ ] 의 순서대로 계산하고 나중에는 일반 사칙연산의 규칙에 따라 계산한다.

$2 \times [\,2 + \{3 + (4-2)\} + 2\,] + 1 = 2 \times \{2 + (3+2) + 2\} + 1$
$= 2 \times (2+5+2) + 1$
$= 2 \times 9 + 1 = 19$

수학 한마디 메모

사칙연산에서 ( )가 있으면 가장 먼저 계산한다. 괄호에는 [ ](대괄호), { }(중괄호), ( )(소괄호) 3종류가 있다. 식에 여러 개의 괄호가 있는 경우는 안쪽 괄호부터 계산한다.

0의 발견은 세상을 크게 변화시켰다!

Ⅰ, Ⅱ, Ⅲ 같은 로마 숫자와 1, 2, 3 같은 아라비아 숫자로 수(양과 순서 등)를 나타낼 수 있다. 토지 넓이, 곡물 생산량, 물 양, 가족 수와 마을 인구, 포획한 동물 수 등이 있다. 인간이 농촌 공동체를 이루어 생활하는 데 있어서 필요한 것이 수였다. 상업이 발달하면서 상업부기(장부 정리)는 중요한 역할을 하게 됐고 산업혁명으로 과학기술이 빠르게 발전했다. 시대의 변화로 수의 역할은 점점 중요한 의미를 갖게 됐다.

인도의 기수법이 확산되기 이전까지 유럽에서는 로마 숫자로 수를 표기했다. 하나 → Ⅰ, 둘 → Ⅱ, 셋 → Ⅲ, 넷 → Ⅳ, 다섯 → Ⅴ, 여섯 → Ⅵ, 일곱 → Ⅶ, 여덟 → Ⅷ, 아홉 → Ⅸ, 열 → Ⅹ, 오십 → L, 백 → C, 오백 → D, 천 → M으로 나타낸다. 예를 들면 아라비아 숫자 765는 DCCLXV라고 표기한다. 아라비아 숫자와 로마 숫자를 비교하면 아라비아 숫자가 편리한 것을 알 수 있다.

아라비아 숫자가 편리하게 느껴지는 것은 사실 '영(0)'의 발견으로 우리에게 익숙한 십진법이라는 기수법이 발명됐기 때문이다. 우리는 어릴 적부터 아라비아 숫자를 활용해서 덧셈, 뺄셈, 곱셈, 나눗셈 계산을 한다. 일정 수준의 연습만 하면 크게 힘들이지 않고 계산이 가능하다.

0(영)의 발견은 n진법에 큰 영향을 미쳤고 알기 쉬운 십진법이 됐어.

그런데 로마 숫자였다면 어땠을까? 덧셈과 뺄셈은 어떻게든 가능할 수도 있지만, 곱셈과 나눗셈은 아마추어인 일반인에게는 상상하는 것조차 어렵다.

그러면 왜 '0'을 발견한 사실로 여러 가지 계산이 가능해진 건지 의문이 생긴다. 만약 0이 없었다면 어땠을까 생각해보자. 1이 10개 모이면 10, 10이 10개 모이면 100으로 표기할 수 있다. 만약 0이라는 숫자를 모른다고 하면 로마 숫자로는 몇 자릿수인지 쉽게 알 수 없다. 오백삼을 0을 사용하지 않고 로마 숫자로 표기하면 DⅢ, 아라비아 숫자로 표기하면 503이다. 아라비아 숫자는 자리만 봐도 숫자의 크기를 알 수 있다. '10이 없는 장소'에 '0'이라는 수가 들어 있기 때문이다. 마찬가지로 이천십은 로마 숫자로 MMX, 아라비아 숫자로 2010이 된다.

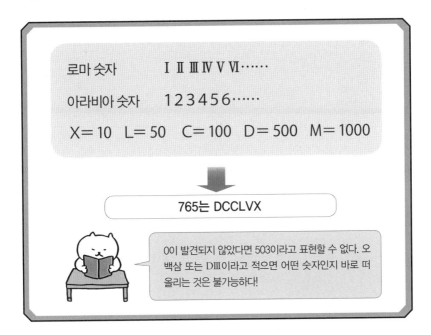

복리 계산은 어떻게 하는가?

　　　　　은행에 돈을 맡기면 이자가 붙는 것이 일반적이다. 이자를 사전에서 찾으면 '금전 또는 기타 대체물을 사용한 대가로서 원금액과 사용 기간에 비례하여 지급되는 금전이나 기타의 대체물(출처:두산백과)'이라고 나온다. 흔히 금리라고 한다. 국가의 금융 정책과 관련해서 '기준 금리를 올린다'라는 뉴스를 들은 적이 있을 것이다.

　　중세 이후 상업이 발달하자 채무자(돈을 빌리는 사람)와 채권자(돈을 빌려주는 사람)가 등장한다. 셰익스피어의 희극 〈베니스의 상인〉을 보면 중세 이탈리아가 상업의 중심이었던 것을 알 수 있다. 그 무렵 필요에 의해 생활 밀착형 수학이 서민에게까지 확산되었을 것으로 추측할 수 있다.

　　수학책인데 역사와 경제 이야기를 왜 하는지 의문이 드는 사람도 있을 것이다. 수학이라고 하면 세상의 흐름과 거리가 있는, 무언가 어려운 '닫힌 세계'라는 이미지가 강한 학문이다. 실제로 고대 그리스 무렵의 수학은 피타고라스 학파에서는 철학과 같이 결합됐을 정도였으니까 말이다. 그래도 일상생활 속 가까이에도 수학은 있다.

　　이자에는 최초 원금에만 적용하는 '단리법'과 1년 단위로 이자를 원금에 합산해서 그 합계 금액을 다음 해의 원금으로 쳐서 이자를 계산하는 '복리법'이 있다. 금액 a원을 연이율 r로 예금했을 때 복리법으로 계산하면 1년 후 → $a(1+r)$, 2년 후 → $a(1+r)^2$, 3년 후 → $a(1+r)^3$, … 와 같은 등비수열이 된다. 만약 복리법에 의해 100만 원을 연이율 2%로 7년간 예금하면 7년 후의 금액은 다음 식으로 구해진다.

　　$1,000,000 \times (1+0.02)^7 = 1,000,000 \times 1.02^7 = 1,149,000$으로 114만 9,000원이 된다($1.02^7 \fallingdotseq 1.149$).

제 **1** 장

수식이란 무엇인가?

04 수학에서 사용하는 식이란 무엇인가?

수식이란 사전에서 조사해 보면 '수·양을 나타내는 숫자·문자 등을 기호로 연결하여 수학적인 의미를 갖도록 한 것. 식(지식백과 : 계산의 방법과 규칙을 문자나 기호를 써서 표현한 것. 수학뿐만 아니라 화학 분야의 분자식과 구조식도 포함된다)'이라고 적혀 있다.

산수와 수학에서 사용하는 식은 많이 있다. 초등학교에서 배우는 $6+3×4=18$이라는 계산으로 답을 구하는 계산식은 저학년부터 배운다. 일정 도형의 넓이를 구하는 식인 공식도 제법 많이 등장한다.

삼각형의 넓이=밑변×높이÷2, 직사각형의 넓이=가로×세로, 원의 넓이=반지름×반지름×3.14(π) 등이 그에 해당한다.

고등학교에서 배우는 이차방정식의 근을 구하는 공식도 식의 하나이다.

컴퓨터를 사용하는 사람이라면 당연히 알겠지만 엑셀이라는 소프트웨어가 있다. 표 계산 등에서 활용되고 있는 소프트웨어이다. 표 계산에도 정해진 수식이 존재한다.

컴퓨터는 복잡한 수식을 순식간에 계산해 처리한다.

제3장에서는 그런 수학의 세계에서 사용하는 식을 소개했다.

일설에 따르면 수식은 수학과 물리뿐 아니라 연애와 결혼 등도 수식으로 표현할 수 있다고 한다. 수식이 이 세상에 존재하지 않았다면 지금의 생활은 성립할 수 없다.

74쪽부터 설명할 삼각함수와 82쪽부터 설명할 미적분 등은 생활에 밀착되어 있는 내용이다. 사칙연산만이 수식은 아니다.

우리 주변의 많은 부분이 수식과 깊은 관련이 있다. 어떤 수식이 사용되는지를 상상하는 것도 재미있을 것이다.

초등학교에서 배우는 넓이를 구하는 식

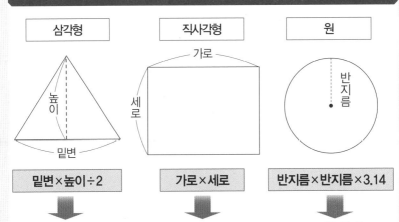

삼각형	직사각형	원

높이
밑변

가로
세로

반지름

밑변×높이÷2	가로×세로	반지름×반지름×3.14

각각의 넓이를 구할 수 있다

중학교 · 고등학교 수학에서 배우는
이차방정식의 근을 구하는 공식

$$x = \frac{-b \pm \sqrt{b^2 - 4ac}}{2a}$$

우리는 초등학교 때부터 여러 가지 식과 만난다.
수식은 일상생활과 매우 깊은 관련이 있다.

수학 한마디 메모

우리는 초등학교 산수에서 수식을 배운다. 한마디로 수식이라고 해도
여러 가지가 있다. 간단한 사칙연산을 비롯해 대학 수학이나 물리, 통
계학이나 경제학 등의 전문 분야까지 복잡한 수식을 이용하고 있다.

05 수학에서 사용하는 기호란 무엇인가?

사칙연산에서는 '+, −, ×, ÷, ='이라는 기호를 사용한다. 초등학교에서는 등호 이외에도 '<, >'와 같은 부등호도 배운다.

수학의 세계에서는 '+, −, ×, ÷, =' 기호 외에도 많은 기호를 사용하고 있다. 그중에서도 유명한 기호가 π(파이)일 것이다. 원주율을 말한다.

중학생이 되면 √(루트) 같은 제곱근도 배운다. 도형의 성질로 들어가면 ∠(각)와 ⊥(수직), θ(각도), ≡(합동), ∥(평행) 같은 도형과 밀접한 관련이 있는 기호도 나온다.

고등학교에 올라가면 더욱 복잡한 기호가 등장한다.

사인, 코사인, 탄젠트라는 말을 들어봤을 것이다. 바로 삼각함수로 'sin', 'cos', 'tan'라는 기호를 사용한다. 로그를 표현하는 log(로그)와 극한 값을 나타내는 lim(리미트), 수열에서 사용하는 ∑(시그마) 등도 그렇다.

수학의 꽃이라고도 불리는 '미적분'의 적분에서는 ∫(인테그랄)이라는 기호도 나온다.

사회인이 되고 나면 수학책을 들여다볼 기회는 거의 없다. 그러나 알고 있어서 손해 볼 건 없다. 이들 기호에 대해서는 제2장에서 하나하나 알기 쉽게 설명했다.

수학은 기초만 이해하면 어려운 학문이 아니다. 고등학교 수학도 중학교에서 배운 수학이 기본이 되기 때문이다.

초등학교에서 배우는 주요 기호

$+$ (덧셈)　$-$ (뺄셈)　$\times$ (곱셈)　$\div$ (나눗셈)　$=$ (등호)　$> <$ (부등호)

중학교에서 배우는 주요 기호

$\sqrt{\ }$ (제곱근, 루트)　$\angle$ (가)　$\perp$ (수직)　π (원주율)

θ (각도)　$\equiv$ (합동)　$//$ (평행)

고등학교에서 배우는 주요 기호

sin (사인)　cos (코사인)　tan (탄젠트)　log (로그)

lim (리미트)　$\sum$ (시그마)　$\int$ (인테그랄)

수식을 나타내는 데 다양한 기호를 사용한다.

17세기에 활약한 독일 수학자 라이프니츠는 200개에 달하는 수학 기호를 생각해냈다. 그가 당시 이진법을 언급한 자료도 남아 있다.

▲ 이진법이 기술되어 있다.

수학 한마디 메모

나라마다 언어에 알파벳, 한글, 일어 등을 사용하듯이 수학의 세계에서도 '+, -, ×, ÷, ='와 같은 기호를 사용한다. 한글을 모르면 문장을 읽을 수 없는 것과 마찬가지로 수학 기호도 중요한 원소이다.

06 경제와 일상생활은 수식과 밀접한 관계가 있다

텔레비전이나 신문의 뉴스에서 '2018년 GDP는 ○조 원에 달하는 규모'라거나 '전년대비 경제 성장률은 ○%에 그쳤다', '오늘의 코스피 지수는 ○원이다'와 같은 문구를 본 적이 있을 것이다.

이들 지표 하나하나에는 제대로 된 룰(식)이 있으며 그 룰에 기초해서 산출되고 있다.

특히 코스피 지수, 코스닥, GDP, 경제 성장률 등은 경제의 세계에서는 매우 중요한 지표이다. 이런 수치를 통해 경기 동향을 예측하므로 일상생활과 밀접한 관계에 있다. 수치를 구하는 방법은 제4장에서 상세히 설명했다.

경제 지표 이외에도 일상생활과 밀접한 대표적인 사항을 선정해 해설했다. 식생활과 관련 있는 엥겔지수 구하는 방법, 습한 여름의 불쾌지수를 조사하는 방법, 나아가 습도를 측정하는 방법 등이다.

그 외에도 빛의 빠르기와 소리의 빠르기, 지진의 진도, 지진의 에너지를 측정하는 지진 규모 등 알고 있는 것 같지만 제대로 설명할 수 없는 사항도 제4장에서 설명했다.

수식은 비단 수학만의 세계는 아니다. 수식은 우리의 일상생활에서 알게 모르게 다방면에서 활용되고 있다. 매일 별 대수롭지 않게 인터넷이나 뉴스, 신문에서 접하는 수치가 과연 어떤 식으로 도출됐는지를 아는 것도 중요하다.

시간과 기온 등 우리는 숫자에 의해 다양한 것을 느끼고 있다. 숫자를 한 번도 보지 않고 넘어 가는 날은 없지 않을까?

한국 경제와 수식

| 코스피 지수 | KOSDAQ (코스닥) | GDP (국내총생산) | 경제 성장률 |

(일정한 규칙을 토대로 계산해서 숫자로 제시된다.)

※여기에 대해서는 4장에서 자세히 설명했다.

일상생활과 수식

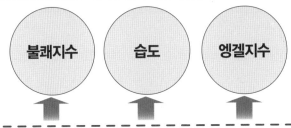

| 불쾌지수 | 습도 | 엥겔지수 |

(수학을 사용해서 비교&표현하면 구체적으로 이해할 수 있다.)

※여기에 대해서는 4장에서 자세히 설명했다.

10의 마이너스 6제곱의 의미

10의 마이너스 6제곱이란 위험한 일이 일어날 가능성을 확률로 나타낸 수치이다. 0.000001이라는 숫자가 된다. 100만 년에 1회 일어나는 확률를 나타낸다. 100만 명 있으면 1년에 누군가 1명이 영향을 받게 된다.

(산수 · 수학에서의 일상생활, 일본 문부과학성 자료에서)

수학 한마디 메모

우리들을 둘러싼 환경은 수식과 떼려야 뗄 수 없는 관계에 있다. 수식은 편리한 현대 사회에 크게 공헌하고 있다. 수식은 숫자의 세계에서만 사용되는 것은 아니다.

07 중학교에서 배우는 수식의 이모저모

중학교 수학이 되면 노트, 연필, 과일과 같이 구체적인 사물의 수량을 숫자와 문자를 사용해서 나타내게 된다.

한 권에 90원 하는 노트 y권의 가격은 $90 \times y = 90y$라고 나타낸다. 추상적인 문자와 식을 자유롭게 계산할 수 있다는 것을 전제로 일차방정식과 연립방정식을 배운다. 이 내용은 3장(58쪽 참조)에서 자세하게 알아본다.

수의 개념이 상당히 넓어진다.

산수에서는 자연수(양의 정수)와 0이 중심이었지만 수학에서는 -1, -2, -3…과 같은 음의 정수도 배운다.

두 정수의 비로 나타낼 수 있는 수를 유리수($\frac{a}{b}$, a는 정수, b는 0이 아닌 정수)라고 한다. 유리수에는 정수인 유리수와 정수가 아닌 유리수가 있다. $0.333…$은 $\frac{1}{3}$로 고칠 수 있기 때문에 유리수이다. 그러나 $\pi(3.14…)$나 $\sqrt{3}$ $(1.732…)$과 같이 두 정수의 비로 나타낼 수 없는 수가 있는데, 이것을 무리수라고 한다.

유리수와 무리수를 합쳐서 실수라고 한다. 이처럼 수를 넓혀 가면 일차방정식과 이차방정식을 풀 수 있다.

이차방정식의 근의 공식을 풀기 위해서는 인수분해와 무리수를 이해하고 나아가 문자식을 계산하는 능력도 필요하다. 피타고라스의 정리를 이해하려면 삼각형의 도형·무리수·이차방정식 등의 지식이 필요하다.

중학교 수학 교과서를 3년 동안 배우면 무리 없이 일정한 수준에 도달할 수 있도록 논리적으로 커리큘럼을 구성하고 있다(오른쪽 페이지의 플로 차트 참조).

중학교에서 배우는 주요 수식

① 양수와 음수　　$2, 5, 8, -2, -5, -8$

② 문자식의 계산　$5x-8+2x+2$, $(16x+8) \div 4$, $2(x+3)-3(2x+1)$ 등

③ 일차방정식　　$x+8=4$, $9-x=3+4x$

　　　　　　　　$5x-19=-3x+6$ 등

④ 정비례와 반비례

　정비례 : $y=ax$(a는 비례 상수)

　반비례 : $y=\dfrac{a}{x}$(a는 비례 상수)

⑤ 식과 계산　　$4(2x+y)-3(2x-4y)$, $ab+b \div ab^2$ 등

⑥ 연립방정식

　$\begin{cases} 2x+y=10 \\ x-y=5 \end{cases}$

⑦ 일차함수

　$y=ax+b$

　a: 기울기, b: y 절편

⑧ 제곱근의 계산

　$\sqrt{2} \times \sqrt{5}$, $\sqrt{3}(\sqrt{6}+3)$, $\sqrt{24}-\sqrt{12}+\sqrt{5}$ 등

⑨ 식의 전개와 인수분해

　$(x+a)(x+b)=x^2+(a+b)x+ab$ 등

　$x^2+x-6=(x+3)(x-2)$

⑩ 이차방정식　　$ax^2+bx+c=0$

　근의 공식　　$x=\dfrac{-b \pm \sqrt{b^2-4ac}}{2a}$

⑪ 이차함수　　$y=ax^2+bx+c$

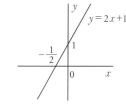

중학교 수학 〈수와 식〉의 플로 차트

중1　① 양수와 음수 → ② 문자식 → ③ 일차방정식 → ④ 정비례 · 반비례

중2　⑤ 식과 계산 　　　　　　→ ⑥ 연립방정식 → ⑦ 일차함수

중3　⑧ 제곱근 　　→ ⑨ 식의 전개(인수분해) → ⑩ 이차방정식 → ⑪ 이차함수

중3　(도형) 　　　　⑫ 피타고라스의 정리

고등학교에서 배우는 수식의 이모저모

고등학교에서 배우는 수식의 '베스트 3'이 무엇이냐고 묻는다면 미분·적분과 삼각함수와 수열을 들고 싶다. 고등학교에서 배우는 수열은 대부분 자연수로 생각하기 때문에 규칙적으로 나열된 열을 보고 묘한 아름다움에 매료되는 사람도 있을 것이다.

또한 나열된 수를 보고 규칙을 발견했을 때의 기쁨은 퍼즐을 풀었을 때의 희열을 능가할지도 모른다. 고등학교 수학에서는 등차수열, 등비수열을 배우고, 또한 이들 수열의 합을 구하는 공식도 배운다. 여기서 Σ(시그마)라는 기호가 등장하는데, 이때가 수학을 어렵게 생각하는 사람이 나오는 시점이다.

삼각함수는 피타고라스의 정리를 기초로 생각한다. 출발점은 직각삼각형으로 생각하는 삼각비이다.

다음으로 삼각비의 개념을 단위원으로 이용해서 확장해 나간다. 사인, 코사인, 탄젠트의 세 가지 비(比)의 상호관계를 확실히 짚고 넘어간다.

다음으로 일반 삼각형을 응용한 사인 법칙, 코사인 법칙을 배운다. 여기까지는 비에 대한 학습이지 함수는 아니다. 호도법이라는 일반각의 개념이 도입되어야 비로소 삼각함수라는 것을 생각한다. 함수는 그래프로 나타낼 수 있기 때문에 도형의 원소가 들어가는 항목이다.

$y = \cos\theta$과 $y = \sin\theta$의 아름다운 곡선에 매료되는 사람도 많지 않을까?

미분·적분은 친숙한 문제가 많기 때문에 계산이 복잡한 것치고는 이해하기 쉽다. 아마도 생활 속에서 물체가 낙하하거나 경사면을 굴러 내려가는 속도를 관찰하고 있기 때문이라고 생각한다. 우리는 보통 미분을 배우고 나서 적분을 배우지만 역사적으로는 적분이 먼저이다(84쪽 참조).

① 등차수열의 일반항과 합 첫째항 a, 공차 d 인 등차수열 $\{a_n\}$ 의 일반항은

$a_n = a + (n-1)d$ 첫째항 a, 공차 d, 항수 n, 끝항 (또는 마지막 항) l의

등차수열의 합을 S_n 으로 한다. $S_n = \dfrac{1}{2}n(a+l) = \dfrac{1}{2}n\{2a+(n-1)d\}$

② 등비수열의 일반항 첫째항 a, 공비 r 인 등비수열 $\{a_n\}$ 의 일반항은 $a_n = a\,r^{n-1}$

③ 계차수열의 일반항 $\{a_n\}$의 계차수열을 $\{b_n\}$으로 하면, $n \geq 2$일 때

$$a_n = a_1 + \sum_{k=1}^{n-1} b_k$$

④ 삼각비 오른쪽 그림의 직각삼각형 ABC 에서

$\sin A = \dfrac{a}{c}$ $\cos A = \dfrac{b}{c}$ $\tan A = \dfrac{a}{b}$

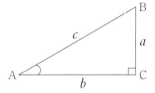

⑤ 사인 법칙

$\triangle$ ABC 의 외접원의 반지름을 R 로 한다 .

$$\frac{a}{\sin A} = \frac{b}{\sin B} = \frac{c}{\sin C} = 2R$$

⑥ 코사인 법칙 $\triangle$ ABC 의 하나의 각과 세 변의 길이에서

$a^2 = b^2 + c^2 - 2bc \cos A$

$b^2 = c^2 + a^2 - 2ca \cos B$

$c^2 = a^2 + b^2 - 2ab \cos C$

⑦ 삼각함수의 상호관계

(1) $\sin^2 \theta + \cos^2 \theta = 1$

(2) $\tan \theta = \dfrac{\sin \theta}{\cos \theta}$

(3) $1 + \tan^2 \theta = \dfrac{1}{\cos^2 \theta}$

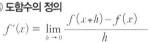

⑧ 도함수의 정의

$$f'(x) = \lim_{h \to 0} \frac{f(x+h) - f(x)}{h}$$

⑨ x^n 의 도함수 n 이 양의 정수 $(x^n)' = nx^{n-1}$, 예 $\cdots (x^3)' = 3x^2$

⑩ x^n 의 부정적분 n 이 양의 정수 또는 0

$$\int x^n dx = \frac{1}{n+1}x^{n+1} + c \quad \text{(단, c는 적분상수)}$$

$\langle$ 예 $\rangle$ $\int 3x^2 dx = 3 \times \dfrac{1}{3}x^3 + c = x^3 + c$ ※⑨와 ⑩의 관계에 주의

⑪ 정적분

$$\int_a^b f(x)\,dx = \Big[F(x)\Big]_a^b = F(b) - F(a)$$

아라비아 숫자와 십진법의 사용으로
숫자가 가까운 존재로

십진법은 0, 1, 2, 3, 4, 5, 6, 7, 8, 9의 10개의 기호를 사용해서 모든 수(양과 순서 등)를 나타내는 방법이다. □(타일) → 1로 하면 □□ → 2, 5 → □□□□□, 9 → □□□□□□□□□, 10 → □□□□□□□□□□이 된다. 수를 10개의 아라비아(계산용) 숫자를 사용해서 나타내면 한없이 큰 수를 간단하게 표시할 수 있다. 216이라는 수를 '이·일·육·'이라고 읽지는 않는다. 2는 백의 자리, 1은 십의 자리, 6은 일의 자리, 즉 2는 백이 2개, 1은 십이 1개, 6은 1이 6개라는 얘기다. 때문에 216은 이백십육이라고 읽는다.

이것을 기호 없이 타일만으로 표시하면 말도 안 되는 양의 종이와 수고가 필요하다. 이 양을 로마 숫자로 나타내면 CCXVI가 되어 왠지 불편하다고 직감적으로 생각하게 된다.

십진법이라면 숫자의 위치(자리)만 보면 바로 수의 크기를 알 수 있지만 로마 숫자는 그렇지 않다(덧붙이면 C → 100, X → 10, V → 5, I → 1이다. 14~15쪽 참조).

8세기경 이미 인도 기수법은 편리한 십진법의 하나로 사용됐다는 기록이 있다. 인도 기수법은 이후 이슬람 세계로 전해지고 13세기경 유럽에 들어와

아라비아 숫자를 사용하면
아무리 큰 수도 간단하게 표현할 수 있다!

◆ 소방 분야

강좌명	수강료	학습일	강사
소방기술사 1차 대비반	620,000원	365일	유창범
[쌍기사 평생연장반!] 소방설비기사 전기 x 기계 동시 대비	549,000원	합격할 때까지	공하성
소방설비기사 필기+실기+기출문제풀이	370,000원	170일	공하성
소방설비기사 필기	180,000원	100일	공하성
소방설비기사 실기 이론+기출문제풀이	280,000원	180일	공하성
소방설비산업기사 필기+실기	280,000원	130일	공하성
소방설비산업기사 필기	130,000원	100일	공하성
소방설비산업기사 실기+기출문제풀이	200,000원	100일	공하성
소방시설관리사 1차+2차 대비 평생연장반	850,000원	합격할 때까지	공하성
소방공무원 소방관계법규 문제풀이	89,000원	60일	공하성
화재감식평가기사·산업기사	240,000원	120일	김인범

◆ 위험물 · 화학 분야

강좌명	수강료	학습일	강사
위험물기능장 필기+실기	280,000원	180일	현성호,박병호
위험물산업기사 필기+실기	245,000원	150일	박수경
위험물산업기사 필기+실기[대학생 패스]	270,000원	최대4년	현성호
위험물산업기사 필기+실기+과년도	350,000원	180일	현성호
위험물기능사 필기+실기[프리패스]	270,000원	365일	현성호
화학분석기사 필기+실기 1트 완성반	310,000원	240일	박수경
화학분석기사 실기(필답형+작업형)	200,000원	60일	박수경
화학분석기능사 실기(필답형+작업형)	80,000원	60일	박수경

서 정착했다고 한다. 칼럼에서(16쪽) 〈베니스의 상인〉 이야기를 했지만, 당시의 장부 정리는 여전히 로마 숫자를 일부에서 이용했던 것 같다.

로마 숫자는 200을 CC로 표시하기 때문에 기호의 위치를 보고 바로 어느 정도의 수(양)인지를 알 수 없다. 그러나 십진법은 어느 정도의 수인지를 알 수 있을 뿐 아니라 덧셈과 뺄셈 그리고 곱셈과 나눗셈도 로마 숫자에 비해 훨씬 간단하게 계산할 수 있었다.

인쇄 기술(구텐베르크의 발명이라고 알려져 있다)의 발달과 상업의 발전으로 인도 기수법인 십진법은 17세기 이후 유럽을 중심으로 급속하게 확산됐다.

216을 타일로 표현하면 큰일이다!

십진법은 0, 1, 2, 3, 4, 5, 6, 7, 8, 9의 10개의 기호를 사용해서 모든 수(양과 순서 등)를 나타내는 방법이다. 타일로 양을 나타내면 다음과 같다.

□(타일) → 1로 하면 □□ → 2, 5 → □□□□□, 9 → □□□□□□□□□, 10 → □□□□□□□□□□ 등이 된다.

(기호 없이 표현하려고 하면 말도 안 되는 수고가 필요하다.)

평소 크게 의식하지 않고 우리들이 사용하고 있는 십진법.
만약 십진법이 없었다고 하면
현대와 같은 편리한 세상은 존재하지 않을 것이다.

수와식딱좋은이야기

생활에 밀착한 n진법의 세계

기수법에 대해 조금 더 깊이 탐구해 보자. 우선 십진법의 복습부터 시작하기로 하자.

1이 10개 모이면 '10', 10이 10개 모이면 '100', 100이 10개 모이면 '1000'이 되는 것이 십진법이다. 1을 일의 자리, 10을 십의 자리, 100을 백의 자리, 1000을 천의 자리라고 부른다. 10씩 덩어리로 자릿수가 올라가는 것이 십진법이다. 2345를 예로 들어 십진법을 쉽게 이해할 수 있는 방법으로 나타내면 오른쪽 페이지의 식 ①과 같다.

다음에 이진법을 생각해 보자. 이진법은 두 개의 기호만으로 수를 표시한다. 십진법과 마찬가지로 아라비아 숫자인 0과 1을 사용한다. 십진법과 비교해서 적으면 오른쪽 페이지의 식 ②가 된다. 오른쪽 아래의 ( ) 안의 숫자는 이진법으로 표시된 수인 것을 나타낸다.

0과 1의 숫자만으로 아무리 큰 수도 표시할 수 있지만 십진법에 비해 자릿수가 늘어난다. 8까지 계산한 것만 보더라도 사람의 손으로 계산하면 숫자가 커질수록 계산이 어마어마하게 힘들다는 것을 알 수 있다. 11101을 십진법으로 적으면 오른쪽 페이지의 식 ③과 같다.

다음은 오진법이다. 0, 1, 2, 3, 4의 숫자를 사용하여 이진법과 마찬가지로 생각한다(식 ④).

당연하게 사용하고 있는 숫자의 세계는
오랜 세월에 걸쳐 발전해 왔다.

일반적으로 n진법도 십진법, 이진법, 오진법과 마찬가지로 생각할 수 있다.

중학교와 고등학교 수학에서 n진법을 배우는 것은 이진법을 이해하기 위해서다. ICT가 날로 발전하는 장래에는 AI(인공지능)가 크게 활약할 것이라는 것은 확실하다. 컴퓨터에는 두 개의 기호밖에 없고 그것을 이용해서 계산한다.

7+5라는 단순한 계산을 이진법으로 하면 $111_{(2)}+101_{(2)}=1100_{(2)}$으로 한다. 이진법으로 계산한 후 이번에는 십진법으로 고쳐서 12로 한다. 컴퓨터는 십진법 → 이진법 → 십진법이라는 절차를 밟아 더욱 복잡한 계산을 하고 있는 것이다.

3단계 방식을 인간의 머리로 계산하면 번잡하고 복잡하다. 그러나 컴퓨터는 이진법 계산이 매우 빠르다.

【식①】 $2345 = 2 \times 10^3 + 3 \times 10^2 + 4 \times 10^1 + 5 \times 10^0 \, (10^0 = 1)$

【식②】 $1 \to 1_{(2)}, \, 2 \to 10_{(2)}, \, 3 \to 11_{(2)}, \, 4 \to 100_{(2)},$
$5 \to 101_{(2)}, \, 6 \to 110_{(2)}, \, 7 \to 111_{(2)}, \, 8 \to 1000_{(2)} \ldots$

【식③】 $11101 = 1 \times 2^4 + 1 \times 2^3 + 1 \times 2^2 + 0 \times 2^1 + 1 \times 2^0 \, (2^0 = 1)$

이것을 십진법으로 나타내면

$1 \times 16 + 1 \times 8 + 1 \times 4 + 0 + 1 = 29$에 의해 29가 된다.

【식④】 $1 \to 1_{(5)}$ $2 \to 2_{(5)}$ $3 \to 3_{(5)}$ $4 \to 4_{(5)}$
$5 \to 10_{(5)}$ $6 \to 11_{(5)}$ $7 \to 12_{(5)}$ $8 \to 13_{(5)}$
$9 \to 14_{(5)}$ $10 \to 20_{(5)}$ $11 \to 21_{(5)} \ldots$

일상생활에서 사용하고 있는 대부분은 십진법이다. 컴퓨터에서는 이진법이 사용되고, 시계에서는 십이진법과 육십진법이 사용된다.

중학 수학 문제 도전 ①

문제

유리구슬을 몇 명의 학생에게 나눠주려고 한다. 한 명당 6개씩 나누면 5개가 부족하다. 또 한 명당 4개씩 나누면 19개가 남는다. 학생 수와 유리구슬의 개수를 구하시오.

풀이

학생 수를 x라고 하면 유리구슬의 개수는 두 개의 식으로 나타낼 수 있다.

1인당 6개씩 나누면 5개 부족하므로 유리구슬의 개수는 $6x$보다 5개 적은 $6x - 5$라는 식이 된다. 또한 1인당 4개씩 나누면 19개가 남으므로 유리구슬의 개수는 $4x$보다 19개 많은 $4x + 19$라는 식이 된다.

이 두 식은 같은 수를 나타내므로

$6x - 5 = 4x + 19$

라는 방정식이 생긴다. 이것을 풀면

$6x - 4x = 19 + 5$

$2x = 24,$ $x = 12$

가 되어 학생은 12명인 것을 알 수 있다.

유리구슬의 개수는

$12 \times 6 - 5 = 67$(또는 $12 \times 4 + 19 = 67$)에서 67개이다.

정답   학생 12명,   유리구슬 67개

중학 수학 문제 도전 ②

문제

영수는 A 지점에서 고개를 넘어 20km 떨어진 B 지점까지 하이킹했다. A 지점에서 언덕까지는 시속 3km, 언덕에서 B 지점까지는 시속 5km로 걸은 결과 총 6시간이 걸렸다. A 지점에서 언덕까지와 언덕에서 B 지점까지의 거리를 각각 구하시오.

풀이

이 문장을 그림으로 나타내면 다음과 같다(A에서 언덕까지의 거리를 x, 언덕에서 B 지점까지의 거리를 y 라고 한다).

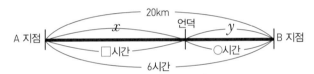

'속도 = 거리÷시간'이므로, 여기에서 '거리 = 속도×시간', '시간 = 거리÷속도'의 두 가지 공식이 유도된다. 총 거리 20km와 총 시간 6시간을 알고 있으므로 거리와 시간으로 두 가지 식을 만들 수 있다.

거리 → $x + y = 20$ 시간 → $\dfrac{x}{3} + \dfrac{y}{5} = 6$

(A부터 언덕까지는 시속 3km이므로 시간은 $\dfrac{x}{3}$, 언덕에서 B까지는 시속 5km 이므로 시간은 $\dfrac{y}{5}$)

$$x + y = 20$$
$$5x + 3y = 90$$

$$\begin{array}{r} 5x+5y=100 \\ -)\ \ 5x+3y=90 \\ \hline 2y=10 \\ y=5 \end{array}$$

$$20 - 5 = 15$$
$$x = 15$$

정답
A 지점에서 언덕까지 15km, 언덕에서 B 지점까지 5km

노벨상에 수학상이 없는 이유는?

1901년 노벨상이 다이너마이트 발명자 알프레드 노벨에 의해서 창설된 것은 다들 알고 있는 사실이다.

대량 학살 무기가 되기도 한 다이너마이트를 인류의 평화를 위해 이용하기를 바라며 노벨이 유언한 것에서 시작된 노벨상은 세계에서 가장 권위 있는 상이라고 해도 과언이 아니다.

노벨상에는 6개부문이 있다. 물리학상, 화학상, 생물학·의학상, 문학상, 평화상, 경제학상이다.

그런데 노벨상에 수학상은 없는데, 그 이유에 대해서는 몇 가지 설이 있다.

우선 노벨의 뜻을 기려 이 세상에 유익한 공헌을 한 사람을 평가하는 것을 목적으로 했다고 한다.

또한 일설에 따르면 노벨의 애인을 빼앗은 상대가 수학자였기 때문이라고도 한다.

노벨과 같은 스웨덴 수학자 레프라가 바로 그 사람인데, 만약 수학상을 마련하면 당연히 레프라가 수학상을 수상할 것을 우려해서 수학상을 두지 않았다는 설이다.

제 2 장

수학에서 사용하는 기호

사칙연산에서 사용하는 기호

초등학교에서 처음으로 배우는 기호가 '+', '−', '=' 이다. 그리고 '×', '÷'를 배운다.

이들 기호는 일상생활에서 대수롭지 않게 사용하고 있는데, 만약 이들 기본적인 기호가 없으면 수학의 세계뿐 아니라 일상생활에도 큰 영향이 있지 않을까? 한 예로 2+3=5라는 계산식을 들면, '2에 3을 더한 수가 5가 된다'고 일일이 글로 적지 않으면 안 된다. 더하는 것을 '+', 빼는 것을 '−'라는 기호로 사용하게 된 기원은 뱃사람이 술통의 물을 줄인 때 '−'의 기호를 붙이고 보충했을 때는 '+'라고 적은 것이 시초라는 설이 있다. '×'는 영국의 윌리엄 오트레드라는 수학자가 자신의 저서 <수학의 열쇠(1631년)>에서 곱셈을 '×'라는 기호로 사용한 것이 시초라고 알려져 있다. '÷'은 스위스의 하인리히 란(1622~1676, 역자 주)이라는 학자가 저서에서 나눗셈 기호로 사용한 것이 최초라고 한다. '='는 평행선이라는 의미가 있으며 로버트 레코드(1510~1558, 역자 주)라는 수학자의 저서에 처음으로 사용됐다.

다음 계산을 해보자.

① 6×2+4÷2   ② 6×(2+4)÷2

풀이

사칙연산에서는 ×(곱셈)과 ÷(나눗셈)을 우선해서 식의 왼쪽부터 계산한다. ( )가 있는 경우는 ( ) 안을 먼저 계산한다.

① 12+2=14

② 6×6÷2=36÷2=18

부등호를 나타내는 기호

>와 < 같은 부등호는 초등학교에서 배운다. 'A>B'는 A가 B보다 크다는 의미이며 A<B라고 하면 B가 A보다 크다는 의미이다.

≥와 ≤도 부등호의 일종이다. 'A≥B'라고 하면 B는 A 이하, 다시 말해 A 와 B가 같은 경우도 포함된다는 의미이다.

'A≤B'라고 하면 A는 B 이하이다.

이것을 이용해서 x가 100 이상 1000 미만인 경우는 '$100 \leq x < 1000$'이라 고 표현할 수 있다. 또한 '$a \leq 100$' 그리고 '$a \geq 100$'이라면 $a = 100$이라는 답 을 이끌어 낼 수 있다.

부등호를 사용한 식이 부등식이다. 부등식의 양변에 같은 숫자를 더하거 나 빼도 부등호의 방향이 바뀌지 않지만 양변에 같은 음수를 곱하거나 나눈 경우는 부등호의 방향이 바뀐다. 즉 부등식은 방정식과는 달리 부등호의 종 류(방향)가 의미를 갖기 때문에 부등식을 계산하는 과정에서 부등호가 바뀔 수도 있다는 점에 주의해야 한다.

A>B ⇒ A는 B보다 크다(B는 포함하지 않는다).

A≥B ⇒ A는 B 이하(B를 포함한다)

$$100 \quad < \quad x \quad < \quad 1000$$

⬇

x는 100보다 크고 1000 미만

$$100 \quad \leq \quad x \quad \leq \quad 1000$$

⬇

x는 100 이상 1000 이하

11 절댓값을 나타내는 기호

수직선 위에서 그 수를 나타내는 점과 원점 사이의 거리를 그 수의 절댓값이라고 한다.

$\cfrac{\quad (-) \quad | \quad (+) \quad \downarrow}{0}$ 이 지점은 원점(0)부터 4만큼 이동한 위치이다. +4의 절댓값은 4이며 $|4|$ 라고 적는다. 반대로 $\cfrac{\downarrow \quad (-) \quad | \quad (+)}{0}$ 이 지점은 원점(0)에서 -4만큼 이동한 위치이다. -4의 절댓값 $|-4|$ 도 4이다. 절댓값의 개념은 얼마나 원점에서 거리가 얼마나 떨어져 있는지를 나타낸 것이다.

+4는 양수이고 -4는 음수이다. 각각의 +-를 제거한 것이 절댓값이라고 생각하면 쉽게 이해할 수 있다. 즉 $|4| = 4$이며, $|-4| = 4$가 된다.

덧붙이면 0의 절댓값은 0이다.

절댓값의 성질로는 다음 네 가지를 들 수 있다.

$$|-a|=|a|, \quad |a|^2 = a^2, \quad |ab|=|a||b|,$$

$$\left| \frac{a}{b} \right| = \frac{|a|}{|b|} \quad (단, b \neq 0)$$

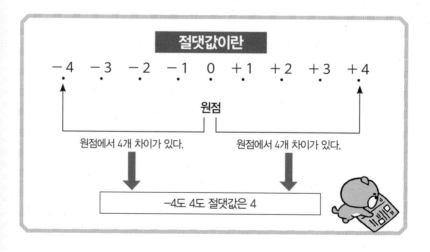

절댓값이란

−4 −3 −2 −1 0 +1 +2 +3 +4

원점

원점에서 4개 차이가 있다.   원점에서 4개 차이가 있다.

−4도 4도 절댓값은 4

π 원주율을 나타내는 기호

원주율은 원의 둘레의 길이의 지름에 대한 비율로 정의되는 비의 값을 말한다. 그리스 문자인 π로 나타낸다. 수학의 세계에서는 말할 것도 없지만 물리학이나 화학 분야에서도 사용되고 있으며 π는 중요한 수학 기호 중 하나이다. 원주율은 무리수이다.

원주율 계산에서 업적을 세운 17세기 독일, 네덜란드의 수학자인 루돌프 반 쿨렌(1540~1610, 역자 주)에 빗대어 원주율을 루돌프 수라고 부르기도 했다. 루돌프는 소수점 이하 35자리까지 계산한 것으로도 알려져 있다. 소수점 이하 35자리까지의 값은 다음과 같다.

π=3.14159 26535 89793 23846 26433 83279 50288…

π라는 기호를 원주율을 나타내는 기호로 처음으로 사용한 사람은 레온하르트 오일러(1707~1783, 역자 주)이다.

원주율을 3.14159…라는 숫자로 적는 대신 π라고 하면 π는 반지름이 1이고 중심각이 180°인 부채꼴(반원)이 호의 길이가 된다.

원주율의 역사

4000년	이전 이집트에서는	3.16
2200년	이전 그리스에서는	$3\frac{1}{7}$
1500년	이전 인도에서는	3.1416
1000년	이전 중국에서는	$\frac{22}{7}$, $\frac{355}{113}$
200년	이전 일본에서는	소숫점 이하 41자리
100년	이전 영국에서는	소숫점 이하 707자리

현재는 컴퓨터를 사용해서 원하는 자리까지 계산할 수 있다.

제곱근을 나타내는 기호

어느 수 x를 제곱하면 a가 될 때 x를 a의 제곱근이라고 하고, $x^2 = a$가 된다. 예를 들면 $2^2 = 4$, $(-2)^2 = 4$이므로 2와 -2 모두 4의 제곱근이다. 모든 양수 a에 대해 제곱근은 양수와 음수가 존재하며 그중 양수인 쪽을 $\sqrt{a}$, 음수인 쪽을 $-\sqrt{a}$ 라고 적는다. 기호 $\sqrt{}$ 를 근호라고 하고 $\sqrt{a}$ 는 '루트 a'라고 읽는다. 덧붙이면 0의 제곱근은 0이다. 한편 a가 양의 정수라고 해서 a의 제곱근이 양의 정수라고는 한정할 수 없다.

$\sqrt{10}$은 소수로 나타내면 $3.162\cdots$로 소수 부분이 순환하지 않는 무한소수가 된다.

제곱근이 정수인 수는 $2 \times 2 = 4$에서 $\sqrt{4}$ 와 $4 \times 4 = 16$에서 $\sqrt{16}$과 같은 경우에 한정된다.

그러면 '$\sqrt[n]{a}$'와 같이 나타내는 수는 어떤 의미가 있을까? $\sqrt{a}$ 는 제곱하면 a가 된다는 의미이지만, '$\sqrt[n]{a}$'는 n제곱하면 a가 되는 수라는 의미이다. '$\sqrt[3]{8}$' 이라면 $a \times a \times a = 8$이라는 의미이므로 $a = 2$가 된다($2 \times 2 \times 2 = 8$).

제곱근

$\sqrt{2} = 1.41421356$

$\sqrt{3} = 1.7320508075$

$\sqrt{5} = 2.2360679$

$\sqrt{6} = 2.4494897$

$\sqrt{7} = 2.64575$

$\sqrt{10} = 3.162277$

도형의 특징을 나타내는 기호

지금부터는 삼각형을 비롯한 도형의 성질을 나타내는 기호를 소개한다. 우선 '△'은 삼각형을 의미하며 '삼각형'이라고 읽는다. (그림 A)와 같은 삼각형이 있는 경우 △ABC와 같은 식으로 사용한다. '≡'은 삼각형의 합동을 의미하는 기호이다.

두 삼각형의 합동 조건은

(1) 세 변의 길이가 각각 같다.

(2) 두 변의 길이와 끼인각의 크기가 같다.

(3) 한 변의 길이와 양끝각의 크기가 같다.

세 가지 조건 중 하나를 충족하면 두 삼각형은 합동이 된다(그림 A).

'⊥'는 수직을 나타낸다. 아래의 (그림 B)와 같은 경우 직선 AB와 직선 CD는 수직이다. 이것을 AB⊥CD라고 적는다.

'∥'은 선 또는 면 등이 평행인 것을 의미한다. (그림 C)와 같이 직선 AB와 직선 CD가 평행인 경우 AB∥CD라고 적는다.

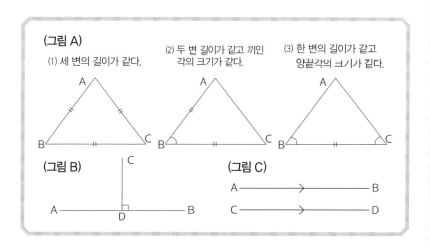

(그림 A)
(1) 세 변의 길이가 같다.
(2) 두 변 길이가 같고 끼인 각의 크기가 같다.
(3) 한 변의 길이가 같고 양끝각의 크기가 같다.

(그림 B)

(그림 C)

∠ θ ∽ 　도형의 각도를 나타내는 기호

도형에서 사용하는 기호를 조금 더 살펴본다.

'∠'은 도형의 각을 나타내는 기호이며, ∠ABC라고 적는다. 'θ'은 그 각도의 크기를 나타낼 때 사용한다(주로 삼각함수에서). 다각형의 성질 등을 증명하기 위해서는 각도를 자주 사용한다. 대표적인 것으로 중학교 수학에서 배우는 '닮음'이라는 것이 있다.

아래 그림과 같이 두 삼각형 △ABC와 △DEF가 있다고 하자. 두 삼각형의 닮음 조건은

(1) 세변의 길이 비가 모두 같다.

(2) 두 변의 길이 비와 끼인각의 크기가 같다.

(3) 두 각의 크기가 같다.

세 가지 조건 중 어느 하나라도 충족하면 두 삼각형은 닮음이라는 것을 알수 있다. 이때 사용하는 기호가 '∽'이다. '∽'은 두 도형이 닮음 관계인 것을 나타내며 △ABC와 △DEF가 닮음 관계인 경우는 '△ABC ∽ △DEF'라고 적는다.

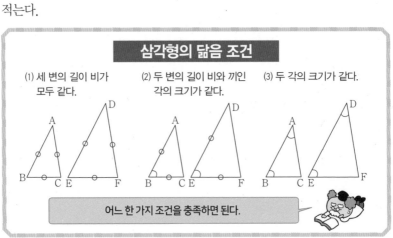

삼각형의 닮음 조건

(1) 세 변의 길이 비가 모두 같다.

(2) 두 변의 길이 비와 끼인각의 크기가 같다.

(3) 두 각의 크기가 같다.

어느 한 가지 조건을 충족하면 된다.

sin cos tan	삼각비에서 사용하는 기호

고등학교 수학에서 배우는 삼각함수는 이름만 들어도 어려운 수학 항목이라고 생각하는 사람이 많을 것이다. 그러나 삼각함수는 일상생활에 없어서는 안 되는 친숙한 존재이다.

삼각함수에 대해서는 제3장에서 자세하게 설명하므로 여기서는 간단하게 삼각비 sin, cos, tan의 의미를 소개한다.

sin=사인, cos=코사인, tan=탄젠트라고 읽는다.

삼각비의 개념을 최초에 생각해낸 것은 그리스의 철학자인 탈레스라고 한다. 그는 직각삼각형의 한 각을 정하면 삼각형은 모두 닮음이 된다는 것을 깨닫고 피라미드의 높이를 측정한 이야기로도 유명하다. 삼각형 ABC 간에는 3개의 큰 관계가 있다. 이 관계를 이용해서 직접 측량할 수 없는 장소의 측량이 가능해진다. 삼각비를 이용해서 사인 법칙과 코사인 법칙을 도출해냈다(76쪽 참조). 세 변의 길이를 이용해서 넓이를 구하는 것도 가능하다(헤론의 공식). 이 삼각비의 개념을 발전시켜 삼각함수가 탄생했다.

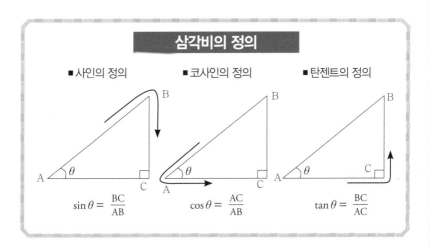

삼각비의 정의

■ 사인의 정의

$$\sin\theta = \frac{BC}{AB}$$

■ 코사인의 정의

$$\cos\theta = \frac{AC}{AB}$$

■ 탄젠트의 정의

$$\tan\theta = \frac{BC}{AC}$$

∫ 적분에서 사용하는 기호

고등학교 수학에서 사용하는 항목 중 하나에 '미분·적분'이 있다. 단어 정도는 알고 있어도 어떤 의미인지를 잊어버린 사람도 많을 것이다. 미분·적분은 '미분'과 '적분' 두 개의 각각의 의미가 있다. 미분으로 곡선의 접선의 기울기를 구하는 것이 가능하고, 적분으로는 다양한 넓이와 부피를 구할 수 있다.

고등학교에서는 미분을 먼저 학습하고 나서 적분을 배우지만 수학사적으로 보면 적분의 개념이 먼저 생겨났다. 고대 그리스의 수학자 아르키메데스의 실진법(悉盡法, method of exhaustion)이라 불리는 것이다. 복잡한 형태를 한 도형의 넓이를 구할 때 도형을 세분화한 후 세분한 부분의 합으로 넓이를 구했다.

미분은 17세기 들어 뉴턴과 라이프니츠에 의해서 확립됐다. 곡선과 직선으로 둘러싸인 부분의 넓이를 적분해서 구할 수 있다. 이것을 나타내는 기호로 '∫'이라는 기호가 사용된다. '∫'은 '인테그랄'이라고 읽는다(미분 적분에 대해서는 82쪽부터 설명했다).

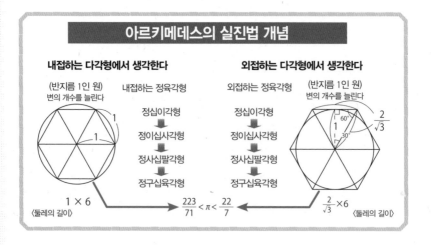

아르키메데스의 실진법 개념

내접하는 다각형에서 생각한다

(반지름 1인 원)
변의 개수를 늘린다

내접하는 정육각형

정십이각형
↓
정이십사각형
↓
정사십팔각형
↓
정구십육각형

1×6
〈둘레의 길이〉

$\dfrac{223}{71} < \pi < \dfrac{22}{7}$

외접하는 다각형에서 생각한다

외접하는 정육각형

정십이각형
↓
정이십사각형
↓
정사십팔각형
↓
정구십육각형

(반지름 1인 원)
변의 개수를 늘린다

$\dfrac{2}{\sqrt{3}}$

$\dfrac{2}{\sqrt{3}} \times 6$
〈둘레의 길이〉

log

로그의 의미를 알아두자

'log'란 로그를 나타내는 기호를 말한다. 그러면 로그란 도대체 무슨 의미를 갖는 걸까?

2를 4제곱하면 어떻게 될까? $2 \times 2 \times 2 \times 2 = 16$이 된다. 이것을 식으로 하면 24=16이라고 적을 수 있다.

작게 적은 4를 지수라고 한다. 지수란 몇 번 곱하는지를 나타낸 숫자이다. 3^6이라고 하면 3을 6번 곱한다는 의미이다.

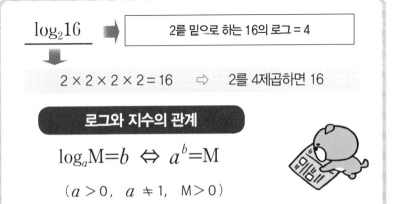

1이 아닌 임의의 양수 a 와 양수 M이 주어졌을 때 $M = a^b$라는 관계를 만족하는 실수 b의 값을 'a를 밑으로 하는 M의 로그'라고 한다.

이것을 $\log_a M = b$라고 표현한다. 앞의 예에서 '$\log_2 16 = 4$'이며, '2를 밑으로 하는 16의 로그는 4'라고 한다.

3의 6제곱은 729이다. 이것은 '$\log_3 729$'라고 적을 수 있으며 '3을 밑으로 하는 729의 로그'라는 의미이고, 그 값은 6이 된다. M을 $\log_a M$의 진수라고 한다. b는 진수 M을 구하기 위해 밑 a를 거듭제곱하는 지수이다.

$$\log_2 16 \implies \text{2를 밑으로 하는 16의 로그} = 4$$

$$2 \times 2 \times 2 \times 2 = 16 \implies \text{2를 4제곱하면 16}$$

로그와 지수의 관계

$$\log_a M = b \iff a^b = M$$

$$(a > 0, \quad a \neq 1, \quad M > 0)$$

45

Σ 수열에서 사용하는 기호

'Σ'란 고등학교 수학에서 배우는 수열에서 사용하는 기호이다. '시그마'라고 읽는다. 시그마라는 이름은 페니키아 문자인 '사메크'에서 유래했다는 설도 있다.

수열이란 문자 그대로 수의 나열을 말한다. '1, 2, 3, 4, 5,…'라고 나열하면 각각의 차이는 1이다. '2, 4, 6, 8,…'이라고 하면 차이는 2이다. 이처럼 이웃하는 두 수의 차이가 일정한 수열을 '등차수열'이라고 한다. '2, 4, 8, 16, 32,…'라고 하면 오른쪽 수가 하나 왼쪽에 있는 수의 두 배이다. 이것을 등비수열이라고 한다(수열에 관해서는 80쪽에서 설명한다).

그럼 여기서 1~10의 합을 계산해보자. '1 + 2 + 3 + 4 + 5 + 6 + 7 + 8 + 9 + 10'이라는 식에서 합계는 55인 것을 알 수 있다. 이것을 Σ라는 기호를 사용하면 간단하게 표현할 수 있다.

$$\sum_{k=1}^{n} k = \frac{1}{2}n(n+1) \rightarrow \sum_{k=1}^{10} k = \frac{1}{2} \times 10 \times (10+1) = 55$$

Σ (시그마)라는 기호의 의미

k에 2를 대입한다.

$$\sum_{k=1}^{5} k = 1 + 2 + 3 + 4 + 5 = 15$$

k에 1을 대입한다.   마찬가지로 대입한다.

Σ(시그마)라는 기호는 처음에는 어렵게 느껴지지만 익숙해지면 편리한 기호이다.

$\lim_{\infty}$ 극한값과 무한을 나타내는 기호

'lim'은 극한을 의미하는 기호로 리미트(limit)라고 읽는다. 'lim'은 변수를 움직였을 때 극한의 값을 나타내는 기호이다.

자연수의 역수의 수열 $1, \dfrac{1}{2}, \dfrac{1}{3}, \dfrac{1}{4}, \dfrac{1}{5}, \cdots, \dfrac{1}{n}, \cdots$을 생각하면 각각의 항 $\dfrac{1}{n}$은 n이 커짐에 따라서 0에 한없이 가까워지므로 이 수열은 0에 수렴한다고 생각된다. 이것을 하나의 식으로 나타낼 때 'lim'를 사용하고 $\lim\limits_{n \to \infty} \dfrac{1}{n}$이라는 식으로 나타낼 수 있다.

이 식의 $n \to \infty$의 '∞'은 어떤 의미가 있는 걸까? '∞'은 무한대로 읽고 변수가 얼마든지 커지는 것을 나타낸다.

'∞' 기호는 로마 숫자 1000인 ⅭⅮ(C|Ɔ)를 토대로 만들어졌다고 한다. 잉글랜드의 수학자이며 미적분학에 크게 공헌한 존 월리스가 1655년의 저서에서 무한대의 기호 '∞'를 처음으로 사용했다. 그리스 문자의 마지막 문자인 ω를 토대로 했다고도 한다.

---

lim(리미트)라는 기호의 의미

$$\lim_{n \to \infty} \frac{1}{n} = 0 \quad \Rightarrow$$ 수열 $\dfrac{1}{1}(=1), \dfrac{1}{2}, \dfrac{1}{3}, \cdots, \dfrac{1}{n}$ 이라고 생각하면 0에 한없이 가까워진다(이것을 0에 수렴한다고 한다).

$$\lim_{n \to \infty} a_n = \infty \quad \Rightarrow$$ 수열 $1, 2, 3, \cdots, n$ 이라고 생각하면 한없이 커진다(이것을 양의 무한대로 발산한다고 한다).

! 계승을 나타내는 기호

'!'은 계승을 나타내는 기호이다. 의미는 매우 간단하다. 3!이라고 하면 $3 \times 2 \times 1 = 6$, $3! = 6$이 된다. 5!이라면 $5 \times 4 \times 3 \times 2 \times 1 = 120$이므로 $5! = 120$이 된다. 다시 말해 $n! = 1 \times 2 \times 3 \times 4 \times \cdots \times n$으로 1부터 n까지의 자연수를 곱한 값이 된다. 계승은 일상생활에서는 접할 기회가 많지 않지만, 수학에서는 자주 사용되는 기호이다.

n개 중에서 r개를 택하여 만들 수 있는 수열은 몇 가지 있는가(순열), n개 중에서 r개를 택하여 만들 수 있는 조합은 몇 가지 있는가(조합) 등을 구할 때 사용한다. 실제로 어떻게 사용할지는 다음 페이지에서 설명한다.

$12 + 4 \times 3$의 값은 얼마일까? 하는 문제에서 보통은 24라고 대답하지만 이과계나 수학을 전공한 사람 중에는 '4!'라고 대답하는 사람도 있다. 계승 기호인 '!'를 느낌표 마크라고 생각하는 사람은 이과계나 수학을 전공한 사람이 자신을 갖고 4라고 말하는 거라고 착각한다는 이야기를 들은 적이 있다.

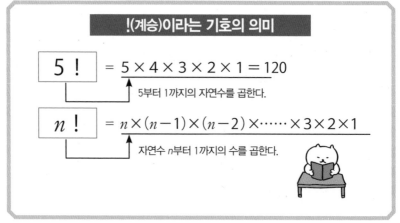

!(계승)이라는 기호의 의미

$5! = 5 \times 4 \times 3 \times 2 \times 1 = 120$

5부터 1까지의 자연수를 곱한다.

$n! = n \times (n-1) \times (n-2) \times \cdots \times 3 \times 2 \times 1$

자연수 n부터 1까지의 수를 곱한다.

확률을 구할 때 사용하는 기호

$_nP_r$
$_nC_r$

'$_nP_r$'은 n개 중에서 r개를 택하는 순열이 몇 가지 있는지를 나타내는 기호이다(P는 퍼뮤테이션이라고 읽는다). A=1, B=2, C=3이라고 적은 다른 3장의 카드에서 2장을 선택하여 1열로 나열하는 방법의 수를 구하는 경우에 사용한다. 첫 번째 선택 방법은 n가지이다. 두 번째 선택 방법은 $n-1$, r개째 선택 방법은 $n-(r-1)$이 된다.

$$_nP_r = n(n-1) \times (n-2) \times \cdots \times (n-(r-1))$$

$n-(r-1)$은 $n-r+1$과 같으므로

$$_nP_r = n(n-1) \times (n-2) \times \cdots \times (n-r+1)$$

위의 질문은 $_3P_2 = 3 \times 2 = 6$으로 6가지이다.

'$_nC_r$'은 n개 중에서 r개를 꺼내는 조합이 몇 가지인지를 나타내는 기호이다(C는 콤비네이션이라고 읽는다). $_nC_r$에는 $r!$개씩 같은 조합이 있으므로 $_nC_r$가지의 각 조합에서 $r!$가지의 순열이 있다. 즉 $_nC_r \times r! = {_nP_r}$가 된다.

$$_nC_r = \frac{_nP_r}{r!} = \frac{n!}{r!(n-r)!}$$

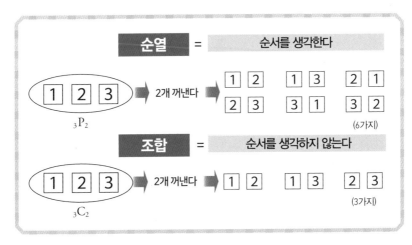

집합에서 사용하는 기호

수학에서 집합이란 어느 조건을 충족하는 물건 전체의 모임을 말한다. 집합을 구성하는 각 물건을 집합의 원소라고 한다.

집합은 물건의 모임이므로 수, 문자, 기호 등을 비롯해 어떤 것이어도 상관없다.

집합에는 '전체집합', '부분집합', '교집합', '합집합', '공집합', '여집합'이 있다.

'부분집합'을 나타내는 기호는 '⊂, ⊃'이다. '교집합'을 나타내는 기호는 '∩'이다. '합집합'은 교집합의 기호를 반대로 한 모양으로 '∪'라고 적는다.

'공집합'은 원소를 아무 것도 갖지 않은 집합을 말하며 '∅'라고 적는다.

'여집합'은 전체집합 U의 원소 중에서 부분집합 A에 속하지 않는 원소 전체의 집합을 A의 여집합이라고 하며 A^c라고 표시한다.

a가 집합 A의 원소일 때 a는 A에 속한다고 하며, $a \in A$ 또는 $A \ni a$라고 나타낸다. b가 집합 A의 원소가 아니라는 것을 $b \notin A$라고 나타낸다.

집합의 기호와 의미

U	전체집합	생각하고 있는 대상 전체, U로 나타낸다.
A⊂B	부분집합	집합 A는 집합 B에 포함된다.
A∩B	교집합	집합 A와 B의 공통 부분
A∪B	합집합	집합 A와 집합 B 중 어느 한쪽에 속한다.
∅	공집합	원소를 하나도 갖지 않는 집합이다.
A^c	여집합	집합 A에 속하지 않는 원소의 집합이다.

※ $a \in A$: a는 집합 A의 원소라는 의미

집합에는 왼쪽과 같은 종류가 있어!

수학에서는 용도에 따라 다양한 기호가 사용된다

수학에서는 다양한 기호가 사용된다. 만약 수학에 기호가 없었다면 수학의 발전은 물론 지금과 같이 편리한 일상생활을 보낼 수 없을지도 모른다.

사칙연산에서 사용하는 '+, −, ×, ÷' 기호는 초등학교 연산에서 배운다. '<, >'와 같은 부등호도 초등학교에서 배운다.

중학생이 되면 도형의 성질 등을 배우게 되고 ∠(각도)와 △(삼각형), ⊥(수직) 등의 기호가 나온다. ≡(합동)과 ∽(닮음) 기호가 나오는 것도 이 무렵이다. 원주율을 나타내는 'π', 제곱근을 나타내는 '√' 등도 등장한다.

여기까지는 많이들 접한 기호이지만 고등학생이 되면 갑자기 내용이 어려워진다.

수열의 등장으로 'Σ'와 'lim', '∞' 같은 기호가 등장하거나 순열·조합에서는 'P', 'C', '!'가 등장한다. 나아가 수학의 꽃이라고도 할 수 있는 미분·적분 기호가 있다. 대학교 수학이 되면 더 많은 수학 기호가 있다. 흥미가 있는 사람은 한 번 알아보기 바란다.

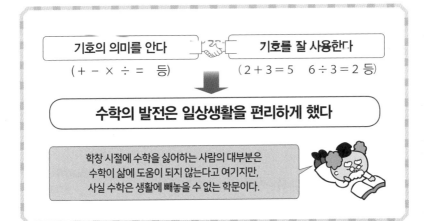

기호의 의미를 안다
(+ − × ÷ = 등)

기호를 잘 사용한다
(2 + 3 = 5 6 ÷ 3 = 2 등)

수학의 발전은 일상생활을 편리하게 했다

학창 시절에 수학을 싫어하는 사람의 대부분은 수학이 삶에 도움이 되지 않는다고 여기지만, 사실 수학은 생활에 빼놓을 수 없는 학문이다.

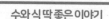
문자를 사용하면서 수학이 발전했다

수학은 기호의 향연퍼레이드이다. 초등학교 산수에서는 주로 숫자가, 중학생이 되면 알파벳 중심의 문자가 자주 나온다.

사과가 3개 🍎🍎🍎 있다고 하자. 이때, 사과의 양을 '3'이라는 숫자로 나타낸다. 또한 □와 ○를 사용하면 일일이 사과 그림을 그리지 않아도 된다. 사과를 □라는 기호로 나타낸다면 □□□가 된다. 감을 ○로 나타내고 '2'개 있다면 ○○가 된다. 또한 □□□는 3이라는 숫자로 ○○은 2라는 숫자로 사과와 감의 양을 나타낸다.

'노트 3권과 연필 2자루를 사면 650원이다. 또한 노트 1권과 연필 1자루를 사면 250원이라고 하자. 노트 1권, 연필 1자루는 각각 얼마인가?' 이러한 문제는 같은 부분을 없애서 간단히 계산하는 유형으로 산수에서 배운 사람도 있다고 생각한다.

노트를 ○, 연필을 □로 나타내면 다음 식이 생긴다.

○○○ + □□ = 650 ⋯ (a)

○ + □ = 250 ⋯ (b)

(a)와 (b)를 비교해서 (b)의 □를 (a)와 맞추기 위해 (b)의 양변을 2배로 한다.

○○○ + □□ = 650 ⋯ (a)

○○ + □□ = 500 ⋯ (c)

문자를 사용한 식의 등장으로 방정식과 같이
문장을 수식으로 표현할 수 있게 됐다!

(a)와 (c)의 차이는 ○ = 650−500 = 150이 된다. (b)에서 150 + □ = 250
이 되고 □ = 100.

답은 노트 150원, 연필 100원이다.

이것을 알파벳 x와 y를 사용하면 아래와 같은 연립방정식이 완성된다(x는
노트, y는 연필).

○와 □로 나타낸 식보다 명료해졌다. x와 y라는 문자는 모든 사물(사과,
감 등)을 나타낼 수 있다.

함수를 배우다 보면 문자를 활용하는 것이 얼마나 편리한지를 한층 더 실
감할 수 있다.

덧붙이면 중학교에서 배우는 일차함수의 일반식은

$y = ax + b$가 된다(60쪽 참조).

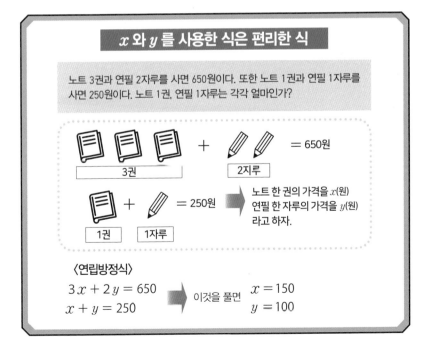

x와 y를 사용한 식은 편리한 식

노트 3권과 연필 2자루를 사면 650원이다. 또한 노트 1권과 연필 1자루를
사면 250원이다. 노트 1권, 연필 1자루는 각각 얼마인가?

3권 + 2지루 = 650원

1권 + 1자루 = 250원 ▶ 노트 한 권의 가격을 x(원)
연필 한 자루의 가격을 y(원)
라고 하자.

〈연립방정식〉

$3x + 2y = 650$
$x + y = 250$ ▶ 이것을 풀면 $x = 150$
$y = 100$

아메스 파피루스라는 수학책에 적혀 있던 내용

대영박물관에 있는 세계에서 가장 오래된 수학책은 아메스 파피루스이다. 기원전 1650년경의 것이니까 책이라고는 이름뿐인 파피루스(식물)로 만들어진 두루마리와 같은 것이다. 이집트의 신관 아메스가 이 파피루스에 적어 놓은 것이다. 이 책 덕분에 약 3700년 이전의 수학에 대해 알 수 있게 됐다. 19세기 중반의 일이다. 아메스 파피루스에는 산술과 기하학 등에 관한 87개의 문제가 기록되어 있다. 방정식을 사용해서 푸는 문제에는 다음과 같은 것이 있다.

'어떤 수에 그 수의 7분의 1을 더한 것이 19가 될 때 어떤 수는 얼마인가?' 어떤 수를 x라고 하면 $x + \frac{1}{7}x = 19$라는 방정식이 성립되고 답은 16.625가 된다.

또한 원주율에 대한 다음과 같은 문제도 기록되어 있다. '지름이 9케트(길이 단위, 1케트는 약 52m)인 원 모양 토지의 넓이는?' 답은 다음과 같이 구한다. '지름 9에서 그 9분의 1을 빼고 8로 한다. 8에 8을 곱해서 64섹트(넓이 단위)'가 된다. 이것은 원에 외접하는 정사각형의 네 모서리를 잘라서 만드는 8각형에 의해서 원을 근사하는 방법이다(그림 A 참조).

지름 9의 반지름은 4.5이므로 $4.5 \times 4.5 \times 3.14 = 63.585$라고 계산하면 약 64가 되고, 거의 수치가 같은 것을 알 수 있다. 이 문제에서 이집트 시대에

원의 넓이를 구하는 방법이 기원전 1700년경에 이미 존재했다는 게 놀랍다!

사용한 방법에서는 원주율을 얼마로 해서 계산했는지를 구해보면 $\left(\frac{16}{9}\right)^2$ 이므로 3.16이 된다. 3.14에 가까운 수치이다.

'아메스 파피루스'에는 깜짝 놀랄 만한 개념이 있는가 하면 틀린 것으로 생각되는 예도 있다. 왜 그렇게 잘못 생각했는지를 추측하면 당시 이집트 사람들의 생각을 유추해볼 수 있다. 잘못을 검증하면 수학을 더욱 더 잘 이해할 수 있다(자세한 내용은 92쪽 참조).

아메스 파피루스는 별명 '린드 파피루스'라고도 불린다. 아메스는 문서를 적어둔 인물의 이름에서, 린드는 발견된 파피루스를 구입한 영국인 학자의 이름에서 붙인 것이다.

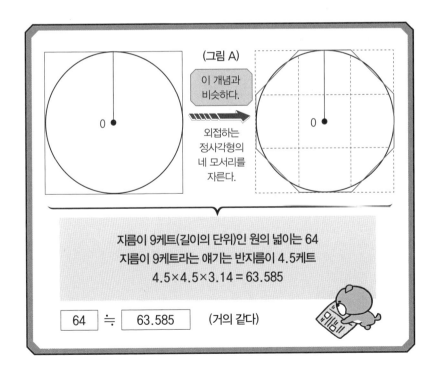

(그림 A)

이 개념과 비슷하다.

외접하는 정사각형의 네 모서리를 자른다.

지름이 9케트(길이의 단위)인 원의 넓이는 64
지름이 9케트라는 얘기는 반지름이 4.5케트
$4.5 \times 4.5 \times 3.14 = 63.585$

64 ≒ 63.585 (거의 같다)

그리스인이 매료된 자연수와 기하학

유럽의 수학은 고대 그리스에서 시작됐다고 한다. 현 고등학교 과정까지의 수학 교과서에 나오는 내용이 상당수 포함되어 있다. 중학교에서 배우는 '피타고라스의 정리'가 대표적이다. 피타고라스는 기원전 570년경의 그리스 수학자이지만 철학자로도 유명하다.

피타고라스의 개념에 찬성하는 사람이 모여 기원전 5세기~4세기에 걸쳐 피타고라스학파가 활약했다. '세계의 근원은 수'라고 하는 생각에서 '피타고라스의 수'를 발견했다. $x^2 + y^2 = z^2$을 만족하는 자연수의 쌍(x, y, z)은 무한히 존재한다는 것이다. 또한 그리스의 수학자 유클리드는 기원전 300년경 '유클리드 기하학원론'을 집대성한 것으로 알려져 있다.

피타고라스학파는 자연수의 신비한 아름다움에, 유클리드는 사물의 형태와 크기, 별자리 등의 위치가 만들어내는 아름다움에 각각 매료됐을지 모른다. 유클리드는 기원전 1050년경부터 기원전 700년경에 걸친 고대 그리스 미술의 기하학 양식에 영향을 받았을 것으로 생각된다. 지금도 기하학은 패션이나 건축물에 다양한 형태로 도입되고 있다. 그리스의 철학자와 수학자를 매혹시킨 기하학을 중세 교회에서 흔히 볼 수 있는데, 철학과 종교는 어딘가에 연결되어 있다는 것을 연상시킨다. 그리스의 철학자와 수학자가 그 아름다움에 열중한 모습을 상상하면 수학이 더 가깝게 다가올 것이다. 하나의 예로서 '완전수'를 들어본다.

A라는 수 자신을 제외한 약수의 합이 A 자신과 같아지는 자연수를 '완전수'라고 한다. 예를 들면 $28 = 1 + 2 + 4 + 7 + 14$이므로 28은 완전수이다.

제 3 장

학창 시절에 배운 수식

09 방정식은 문자를 사용한 편리한 식

방정식은 왜 배우는 걸까?라고 생각하는 사람도 적지 않을 것이다.

산수를 배울 때는 구체적인 숫자로 계산했다. 1개 150원인 사과가 6개라면 $150 \times 6 = 900$, 답은 900원이다.

그런데 중학교에 입학하면 1학기에 수학에서 문자식을 배운다. 이후 구체적인 것이 아니라 추상적인 문자가 수학 교과서에 자주 나온다. 사실 중학교 1학년에서 문자식을 배우는 것은 방정식을 이해하고 자유롭게 다룰 수 있도록 하기 위해서다. 선분을 분할하는 그림과 표를 만들어서 푸는 문제는 방정식을 사용하면 마법처럼 순식간에 풀리기도 한다.

방정식의 의미를 알고 정확하게 풀 수 있으려면 등식의 성질을 이해해야 한다. 등식을 이해하기 위해 문자식을 배우고, 그 문자식은 문자(주로 알파벳)와 숫자로 이루어져 있다.

'1개에 2500원 하는 케이크 6개를 500원 하는 상자에 넣어 구입했다. 얼마인가?'

이것을 식으로 나타내면 $2500 \times 6 + 500 = 15500$이 된다.

만약 케이크의 수를 모르면 x라고 하고 $2500 \times x + 500 = 15500$이라는 등식이 성립하고, 이것을 '방정식'이라고 한다.

케이크 1개의 가격을 모르면 2500을 문자로 생각한다(이런 문제는 현실적이지는 않다. 가게에 간 사람은 가격도 개수도 알고 있기 때문이다. 퍼즐과 같은 느낌으로 생각해보기 바란다). 다음은 조금 더 복잡한 문제로 생각해보자(오른쪽 페이지 참조).

실제로 방정식 문제를 풀어보자

문제

사과를 5개 사려고 하니 갖고 있던 금액은 1200원이 부족했다. 4개 샀더니 800원이 남았다. 사과 1개의 가격과 갖고 있던 금액을 구하시오.

방정식을 모르는 경우 선분을 분할하는 그림을 이용하면 쉽게 이해할 수 있다.

사과 1개는 1200 + 800 = 2000으로 2000원
갖고 있던 금액은 2000 × 4 + 800 = 8800으로 8800원

이것을 방정식에서는 다음과 같이 나타낸다.
사과 1개의 가격을 x라고 한다.
$5x - 1200$ → 갖고 있던 금액 ⇒ 좌변
$4x + 800$ → 갖고 있던 금액 ⇒ 우변
좌변과 우변은 같으므로
$5x - 1200 = 4x + 800$이라는 방정식이 성립한다. $5x - 4x = 1200 + 800$
$x = 2000$ … 사과 1개의 가격
$2000 × 4 + 800 = 8800$ … 갖고 있던 금액
이처럼 방정식을 만들고 나면 계산만 틀리지 않으면 정답을 구할 수 있다.

1개 2500원인 케이크를 x개 샀다면 15000원이다. 이것을 등식으로 나타내면 $2500x = 15000$이 되어 $2500x$를 좌변, 15000을 우변이라고 한다. 이 경우 미지수 x에 6을 대입하면 등식이 성립하고 이 특정 값을 방정식의 '해'라고 하며, 이것을 구하는 것을 '방정식을 푼다'고 한다.

10 함수로 변화를 읽어낸다

중학교 수학에서 배우는 함수의 정의는 대단히 간단하다. '2개의 변수 x, y가 있다고 하자. x의 값을 결정하면 그것에 따라서 y의 값이 하나만 결정될 때 y는 x의 함수이다.'

구체적인 예를 들어 생각하면 알기 쉽다.

'지연이는 시속 4km로 x시간을 걸어 $y$km만큼 갔다.'

식으로 나타내면 $y = 4x$가 된다. $x = 1$일 때 $y = 4$, $x = 2$일 때 $y = 8$, $x = 3$일 때 $y = 12$가 된다. x와 y는 항상 일대일 대응 관계이다(오른쪽 표를 참조).

이것을 일반적인 식으로 표현하면 $y = ax$가 되고 y는 x에 비례한다고 한다. 이때 문자 y와 a와 x는 역할이 다르다. y와 x는 '변수'이고 a는 '상수'이다. 특히 이 경우 a를 '비례상수'라고 한다.

또한 일차함수도 배운다.

'2개의 변수 x, y에 대해 y가 x의 일차식으로 나타낼 때 y는 x의 일차함수'라고 정의한다. 일반적으로는 $y = ax + b$라는 식으로 나타낸다. $b = 0$일 때 $y = ax$가 되며 이것은 비례식이다.

x 값이 계속해서 변하면 그에 대응해서 y 값이 정해지는데, 이 점을 주시하면 함수는 두 가지 양의 변화를 한눈에 알 수 있고 변화의 법칙을 그래프로 시각화할 수 있다는 사실을 발견한다.

x 좌표와 y 좌표로 결정되는 점이 연속하여 직선이 되어 간다. 예를 들면 $y = 2x + 1$이라는 일차함수의 그래프는 기울기가 2, y절편이 1인 직선이다.

$y = ax + b$의 a는 그래프의 기울어진 정도를 나타내고 '기울기'라고 한다.

$$y = ax \cdots 정비례 \qquad y = \frac{a}{x} \cdots 반비례$$

비례상수

$$y = ax + b \cdots 일차함수$$

y절편

기울기

비례상수

왼쪽 페이지에 $y = 4x \, (x > 0)$이라는 비례식이 있었다.
대응표는 다음과 같다.

x 시	1	2	3	4	5	6	7	8	⋯
y km	4	8	12	16	20	24	28	32	⋯

그래프로 하면 (그림 1)과 같다.

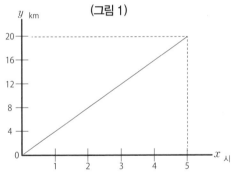

(그림 1)

(그림 2)

일차함수 $y = 2x + 1$의 그래프는
(그림 2)가 된다.

대응표는 변화를 쉽게 알 수 있다. 또
그래프는 두 변수의 관계가 명료하게
시각화된다.

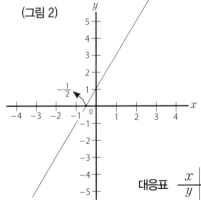

대응표

x	-3	-2	-1	0	1	2	3	⋯
y	-5	-3	-1	1	3	5	7	⋯

함수로 변화를 읽어낸다

11 열차의 다이어그램은 수와 식의 최적 교재

$y = ax+b$라는 일차함수식은 다양한 직선 그래프가 된다. 일차함수는 2개의 변수 x와 y의 변화 비율과 법칙을 그래프로 나타내면 쉽게 이해된다.

그 예로 자주 등장하는 것이 열차의 다이어그램이다.

영어의 Diagram은 원래 도표라는 의미이다. 그러나 일본인이 다이어그램이라고 할 때는 대체로 열차의 다이어그램을 말한다.

다이어그램은 열차의 운행 상황을 그래프로 나타낸 것이다(오른쪽 그림).

지금도 일상 대화 속에서 전차가 늦는 것을 일본에서는 '다이어가 흐트러졌다'라고 표현하는 것에서도 이해할 수 있다.

실은 이 다이어그램은 수와 식이 대활약하는 함수와 방정식의 응용 문제로서 지금도 중시되고 있다. 오른쪽 다이어그램을 잘 보기 바란다. 직선은 $y = ax+b$라는 식으로 나타낼 수 있고 그래프로 했을 때 정수 a와 b는 무엇인지를 알아야 한다.

그래프로 하면 a는 기울기가 되기 때문에 열차의 속도를 나타낸다.

그래프가 가파르면 빠르고, 완만하면 느린 것을 나타낸다. 그래프가 교차하고 있는 지점은 열차가 만나는 장소이고, 또 그 교차하는 지점은 연립방정식의 해라는 지식을 이용해서 구할 수 있다.

문자와 수, 식의 계산, 좌표, 함수, 연립방정식 같은 지금까지 배운 것을 총동원해서 생각하는 것이 다이어그램이다.

덧붙이면 a, 즉 기울기가 0일 때는 열차가 움직이지 않는 것을 의미한다.

열차의 다이어그램

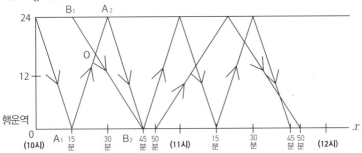

위의 그림은 24km 떨어진 행복역과 행운역 간의 10시부터 12시까지 A와 B 열차의 운행 상황을 나타낸 다이어그램이다. A는 급행이고 B는 일반이라고 하자.

질문

① A와 B가 10시부터 12시 사이에 스쳤던 것은 몇 회인가?
② A와 B의 속도를 계산으로 구하시오.
③ A와 B가 최초에 스치는 것은 몇 시 몇 분인가? 또한 행운역에서 몇 km 지점인가?

풀이

질문 ①   4회

질문 ② $A \to 24 \div \dfrac{1}{4} \left(\dfrac{15}{60}\right) = 96$, $B \to 24 \div \left(\dfrac{30}{60}\right) = 48$ (거리 ÷ 시간 = 속도)

　　　　A → 시속 96km, B → 시속 48km

질문 ③

x는 시간, y는 거리

$A_1 A_2 \to y = 96x + b$, $0 = 96 \times \dfrac{1}{4} + b$, $0 = 24 + b$

$\left(y = 0\right.$ 일 때 $x = \dfrac{1}{4}$, 15 분 $= \dfrac{1}{4}$ 시간이므로$\left.\right)$

$b = -24$ 가 된다.

$A_1 A_2 \to y = 96x - 24$, 마찬가지로 $B_1 B_2 \to y = -48x + 36$

O 는 두 방정식의 교점. 연립방정식에 의해

$x = \dfrac{5}{12}$, $y = 16$,   O 의 좌표는 $\left(\dfrac{5}{12}, 16\right)$

$\dfrac{5}{12} \times 60 = 25$, 10 시 25 분에 처음으로 스친다. 행운역에서 16km

12 포물선을 이차함수식으로 나타낸다

열차의 다이어그램은 일차함수를 이용한 것으로 열차의 운행 상황을 한눈에 알 수 있는 편리한 도구 중 하나이다.

우리는 일상생활에서 일차함수가 아니라 이차함수의 곡선을 볼 기회가 의외로 많다.

작은 돌을 수평으로 던지면 곡선을 그리며 낙하한다. 볼이 바닥에 튕겼을 때 바닥에서 튀어 오르는 모습을 카메라로 찍은 사진에서 확인하면 깨끗한 곡선 모양인 것을 알 수 있다.

공원에 가면 흔히 보는 분수는 곡선을 그리고 있다. 위성방송을 보고 있는 가정에 설치된 파라볼라 안테나도 접시 모양을 하고 있다.

곡선 중에서도 포물선은 좌우 대칭으로 안정된 아름다움이 있기 때문에 포물선을 사용한 미술품도 다수 있다.

오래전 고분시대의 동탁, 현대까지 이어지고 있는 제야의 범종 등 종교 관련 공예품 등에도 많이 볼 수 있다.

중세부터 근세에 걸쳐서 유럽의 교회와 건조물에도 포물선으로 보이는 것이 있다. 채광창 등의 스테인드글라스에도 곡선이 자주 이용된다.

사실 이 포물선은 점이 규칙적으로 변화한 궤적이라고 생각할 수 있다. 변수 x의 값을 결정하면 그것에 대응한 y의 값도 단 하나 결정된다. 대응의 연속이라는 것은 포물선도 함수식으로 나타낼 수 있다는 것이다. $y = ax^2$이라는 이차식을 이차함수라고 부른다.

이 함수는 원점을 꼭짓점으로 한 그래프가 된다.

한편 이차함수의 일반형은 $y = ax^2 + bx + c$가 된다.

중학교 교과서에서는 $y=ax^2$이라는 함수를 배우고 다음으로 그래프를 배우는 순서로 되어 있다. 쉽게 이해하기 위해 주변에서 볼 수 있는 곡선과 포물선으로 생각한다. 시점이 바뀌면 학교에서 배운 것과는 또 다른 식으로 보이지는 않을까?

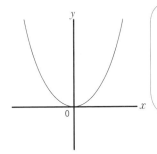

y가 x의 함수이고 $y=ax^2$이라고 나타낼 때 y는 x의 제곱에 비례한다고 한다. 이차함수의 일반형 $y=ax^2+bx+c$에서 $b=0$ 및 $c=0$인 경우라고도 할 수 있다. $y=x^2$은 그림과 같은 그래프가 된다.

일상생활 속에 있는 포물선

▲ 파라볼라 안테나

▲ 교회의 스테인드글라스

▲ 고분 시대의 동탁

***동탁**(銅鐸) : 종 모양으로 생긴 청동제 방울

▲ 볼이 튕기는 모습

▲ 공원의 분수

13 유리수와 무리수의 차이를 알고 있나요?

'수란 무엇인가?'라고 진지하게 생각하면 꽤 깊이가 깊다. 산수에서는 사과가 두 개 있으면 '2', 감이 세 개 있으면 '3'이라는 숫자로 나타냈다.

우리들은 무의식 중에 수 = 양으로 생각하지만 양 외에 '순서'를 나타내는 수도 있다. 또한 10%와 같이 비율을 나타내는 것도 있다.

양 등을 나타내는 수는 1, 3 같은 정수뿐 아니라 $\frac{1}{2}$, $\frac{2}{5}$ 같은 분수도 있다. 또한 0.25, 0.4 같은 소수도 있다. 이들 수를 수학에서는 유리수라고 부른다. 일반적으로는 정수 a와 0이 아닌 정수 b를 이용해서 분수 $\frac{a}{b}$의 형태로 나타낼 수 있는 수를 유리수라고 한다.

사실은 그리스 시대부터 수는 철학자와 수학자가 사고의 대상으로 한 중요한 테마였다. 직선으로 생각하면 거의 모든 수를 설명할 수 있다.

오른쪽 페이지의 수직선을 보기 바란다. 유리수만으로는 표현할 수 없는 수가 수직선상에 있다고 생각하고 유리수가 아닌 것을 무리수라고 했다. $\sqrt{2}$와 π는 유명한 무리수이다.

($\sqrt{2}$ =1.4142⋯, π=3.1415⋯) 그리고 유리수와 무리수를 합쳐 '실수'라고 한다. 수직선상의 점 전체의 집합은 실수 전체의 집합이 된다.

고작해야 직선이라고 우리는 생각하기 쉽지만, 수를 생각하는 데 있어서는 중요한 도구이다.

점의 집합이 선이 된다고 수학에서는 생각한다. 한 점을 하나의 수로 하면 수는 연속해서 선이 된다.

함수의 그래프가 곡선이 되는 것은 점이 연속된 집합이기 때문이다.

일반적인 수직선은 (그림 1)과 같다.

(그림 1)

직선은 점의 연속이라고 생각하면 위에서 나타낸 유리수, 즉 정수와 기약분수만으로는 연속하지 않는다. 그 틈새를 메우는 것이 무리수라고 생각할 수 있다.

$\frac{a}{b}$ 라고 표시할 수 있는 분수에는 유한소수와 나눌 수 없지만 순환하는 순환소수가 있다. $\frac{1}{4}$ 은 $1 \div 4 = 0.25$이고 $\frac{1}{3}$ 은 $1 \div 3 = 0.333\cdots$, $\frac{1}{4}$ 은 유한소수, $\frac{1}{3}$ 은 순환소수가 된다.

$\sqrt{2}$ 와 $\sqrt{3}$ 이나 π는 순환하지 않는 무한소수이다. 이들을 무리수라고 한다. 한편 순환소수와 무리수는 소수점 이하 부분이 한없이 이어지므로 무한소수라고 한다. 실수를 정리하면 (그림 2)와 같다.

(그림 2)

$$\text{실수} \begin{cases} \text{유리수} \begin{cases} \text{정수} \; [-2, -1, 0, 1, 2, \cdots\cdots] \\ \text{유한소수} \; [\frac{1}{2}=0.5, \; \frac{5}{4}=1.25, \cdots\cdots] \\ \text{순환소수} \; [\frac{5}{3}=1.666\cdots \; \frac{5}{6}=0.833\cdots] \\ \quad (\text{순환하는 무한소수}) \end{cases} \\ \text{무리수 (순환하지 않는 무한소수)} \; [\sqrt{2}, \; \sqrt{3}, \; \pi, \cdots\cdots] \end{cases}$$

실수에 대비해 '허수'라는 용어가 고등학교 수학에는 등장한다.
제곱하면 -1이 되는 수는 19세기 초기에 생각해냈다.
$i^2 = -1$이다.

14 흐르는 물에서 배의 속력 문제

처음에 방정식은 편리한 식이라고 말했다.

복잡해 보이는 문제도 지금까지의 지식을 활용해서 방정식을 만들고 일정한 규칙에 따라서 계산하면 자동으로 답이 나온다. 식을 만들면 컴퓨터로 계산할 수도 있다. 나는 이러한 문제 해결 방법을 '디지털 방식'이라고 이름 붙였다.

이번에 소개하는 '흐르는 물에서 배의 속력 문제', 어디선가 들은 적이 있지 않은가?

오른쪽 페이지의 흐르는 물에서 배의 속력 문제를 보기 바란다. 문장 형식으로 된 산수와 수학 문제에 자신이 없는 사람은 문장은 읽고 있지만, 내용이 머릿속에 들어오지 않는 경우가 많다.

그저 눈으로 읽기만 하고 뜻을 이미지화하지 못하기 때문이다.

읽으면서 오른쪽 페이지에서 나타낸 선분 그림을 그리는 훈련을 하면 자기도 모르게 전체를 파악할 수 있게 된다. 가장 처음에는 구하려고 하는 것을 □와 ○또는 x와 y 같은 기호로 둔다.

□와 ○또는 x와 y를 사용해서 문장 내용에 적합한 선분 그림을 그리고 논리적으로 생각한다. 순서 역시 논리적으로 그림 등을 사용해서 마지막까지 생각해가는데, 산수를 푸는 방법이라고 해도 좋을지 모르겠다.

그림과 표 등을 사용하고 시각적인 도구를 활용해 꾸준히 자력으로 풀어나간다는 점에서 아날로그 방식이라고 이름 붙였다.

마지막에는 방정식을 푸는 방식도 제시했다. 디지털 방식과 아날로그 방식 모두 장점이 있다는 것을 깨닫기를 바란다.

흐르는 물에서 배의 속력에 관한 문제

강 하류에 있는 A 지점과 상류에 있는 B 지점은 12 km 떨어져 있다. 어느 배가 A 지점에서 B 지점까지 올라가는 데 2시간 걸리고 B 지점에서 A 지점까지 내려가는 데 1.5시간 걸렸다. 다음 각 문제에 대해 답하시오.

1. 흐르지 않는 물에서 이 배의 속도는 시속 몇 km인가?
2. 강이 흐르는 속도는 시속 몇 km인가?

푸는 방법

다음의 선분 그림을 보기 바란다.
흐르지 않는 물에서 배의 속도를 x, 강이 흐르는 속도를 y 라고 하면
상향 속도 ○는 x 보다 강의 흐름 속도 y 만큼 느려져 ○ = $x - y$ 가 되고,
하향 속도 □는 강의 흐름 속도만큼 빨라져 □ = $x + y$ 가 된다.

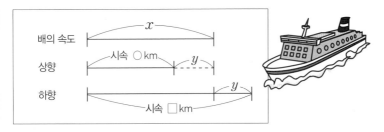

1. 상향 속도는 12÷2 = 6으로 시속 6 km, 하향 속도는 마찬가지로 12÷1.5 = 8 로 시속 8 km, 흐르지 않는 물에서 배의 속도 x 는 (상향 속도 + 하향 속도)÷2로 $x = (6 + 8)÷2 = 7$이 된다. 따라서 흐르지 않는 물에서 배의 속도는 시속 7 km 가 된다.
2. 하향 속도와 상향 속도의 차이는 강이 흐르는 속도 y가 2개이다. (8 − 6)÷2 = 1로 시속 1 km가 된다.

(방정식으로 푼다)

배의 속도 → x, 강의 흐름 속도 → y, 연립방정식을 만들어 해를 구한다.
거리(12)÷속도($x - y$) = 시간(2)의 공식을 이용한다.

$$\begin{cases} \dfrac{12}{x-y} = 2 \\ \dfrac{12}{x+y} = 1\dfrac{1}{2} \end{cases} \qquad x = 7,\ y = 1$$

15 학과 거북이의 다리 개수에 관한 문제

　　그리운 학과 거북이의 등장이다. 학과 거북이도 중학교 입시에서는 기본 산수 문제이다. 산수에서는 방정식을 사용하지 않기 때문에 이전과 마찬가지로 아날로그 방식으로 풀어보기로 하자.

　학은 다리가 2개, 거북이는 다리가 4개라는 특성을 살린 문제이다.

　구체적으로는 '학과 거북이 총 6마리 있다. 학과 거북이의 다리 수는 합쳐서 20개이다. 학은 몇 마리이고 거북이는 몇 마리인가?' 하는 문제이다(답은 학 2마리, 거북이 4마리).

　흐르는 물에서 배의 속력 문제에서는 선분 그림이 활약했지만 학과 거북이 다리의 개수에 관한 문제에서는 넓이 그림같은 덧셈 특유의 그림으로 풀어간다.

　직사각형의 넓이는 가로×세로로 구하는 것을 이용한 풀이 방법이고 도형의 넓이로 답을 구한다. 넓이가 무엇을 의미하는지를 제대로 이해하지 못하면 앞으로 나아갈 수 없다.

　방정식은 상당히 추상적 사고가 요구되지만, 넓이 그림은 구체적인 양을 보면서 생각하는 것이 가능하다. 시각적인 도구를 최대한 활용해서 논리적으로 생각하는, 바로 아날로그 방식의 풀이 방법이라고 해도 좋을 것이다.

　오른쪽 페이지의 학과 거북이의 다리 개수에 관한 문제에서는 학과 거북이라는 문자는 한 번도 나오지 않지만, 학과 거북이라고 알아차리는 능력이 초등학생에게도 요구되는 것도 알아두자.

　오른쪽 문제에서는 62원 우표가 '학 2마리', 82원 우표가 '거북이 4마리', 대금 2,220원이 '합쳐서 20개', 매수 30매가 '학과 거북이 합쳐서 6마리'에 해당한다.

1장에 62원 하는 우표와 1장에 82원 하는 우표를 합쳐서 30장을 샀더니 금액은 2,220원이었다. 62원 우표와 82원 우표를 각각 몇 장 샀는지 구하시오. 다음 넓이 그림을 참고로 생각하기 바란다.

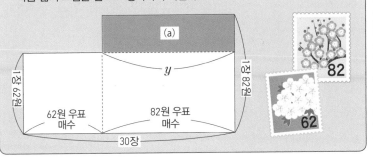

해답

$2220 - 62 \times 30 = 360, \quad 360 \div (82 - 62) = 18,$
$30 - 18 = 12$

답 62원 우표 12장, 82원 우표 18장

풀이

세로는 한 개당 양(우표 1장당 가격)을 나타내고, 가로는 우표 매수를 나타낸다. 또한 넓이는 전체 양(금액)을 나타낸다. 전부 62원 우표를 샀다고 하면 62원×30장 = 1,860원이 된다. (a)의 넓이는 2,220원 − 1,860원 = 360원이 된다. (a)의 y는 82원 우표의 매수이므로 $y \times (82 - 62) = 360$ $20 \times y = 360$으로 $y = 18$, 82원 우표 18장, 62원 우표는 30 − 18 = 12로 12장이 된다.

방정식 풀이

62원 우표를 x장, 82원 우표를 y장

$$\begin{cases} x + y = 30 \\ 62x + 82y = 2220 \end{cases}$$

이 연립방정식을 풀면 $x = 12$, $y = 18$

16 물건 배분에 관한 문제

이번에는 물건 배분에 관한 문제를 알아보자. 어른이라면 방정식을 만들어 바로 풀어버리는 사람도 많을 것이다.

그러나 산수는 원칙적으로 방정식을 사용하지 않는다는 규칙이 있다. 과부족산도 넓이 그림을 활용해서 풀어보자.

'문장 형식의 문제를 어떻게 넓이 그림으로 풀 수 있는가?'라는 소박한 의문을 갖고 있는 사람도 있을 것이다.

우선 오른쪽 직사각형 그림을 보기 바란다. '세로×가로'라는 식에서 넓이가 구해진다. '무엇'과 '무엇'을 곱하면 직사각형의 넓이가 '무엇'의 양을 나타내고 있다고 생각할 수 있다.

예를 들어 1개 3,000원인 복숭아가 4개에 얼마인지는 3,000×4=12,000원으로 구할 수 있다.

세로는 1개의 가격, 가로를 개수라고 할 수 있다.

그러면 곱셈의 결과인 12,000원은 전체 금액이고 직사각형의 넓이(x와 y의 곱)가 된다. 이러한 성질을 활용하면 넓이 그림으로 풀 수 있는 문장 형식의 문제가 꽤 있다.

이것도 아날로그 방식이라고 할 수 있다.

사실 오른쪽 페이지와 같은 '물건 배분에 관한 문제'는 앞서 나온 학과 거북이와 마찬가지로 현실적이지는 않다. 왜냐하면 밤을 배분하는 사람은 아이의 수와 밤의 수를 알고 있기 때문이다.

수수께끼 놀이의 연장선으로 머리를 식힐 겸 도전해보기 바란다.

만약 방정식밖에 모르는 사람이 이 풀이를 접하면 충격을 받을지 모른다.

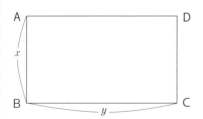

직사각형 ABCD 의 세로를 x, 가로를 y 라고 하면 이 경우 $x \times y$ 는 넓이가 된다.

※직사각형의 넓이가 '무엇'의 양을 표시한다고 생각한다.

물건 배분에 관한 문제

밤을 몇 명의 아이에게 나누어준다. 1인당 10개씩 나누면 20개가 남고 12개씩 나누면 12개 부족하다. 다음 넓이 그림을 이용해서 각 질문에 답하시오.

① 아이는 몇 명인가?
② 밤은 전부 몇 개인가?

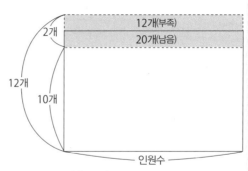

해답

① $(20 + 12) \div (12 - 10) = 32 \div 2 = 16,$ 답은 16명
② $16 \times 10 + 20 = 180,$ 답은 180개

풀이

① 세로를 1인당 개수, 가로를 인원수라고 하면 넓이는 전체 밤의 개수를 나타낸다. 색칠된 부분을 잘 보기 바란다. 세로는 한 명 낭 2개의 차$(12-10)$기 있고 그 부분의 밤의 개수는 32개$(20 + 12)$이다. 또한 색칠된 부분의 넓이가 된다. 인원수를 x 라고 하면 $x = 32 \div 2 = 16$, 인원수는 16명이다.
② 밤의 개수는 $16 \times 10 = 160$에서, 나머지 20개를 더한다. $160 + 20 = 180$으로 180개가 된다.

방정식 풀이 방법

아이 $\Rightarrow x$명, $10x + 20 = 12x - 12,$ $x = 16,$ 밤은 $16 \times 10 + 20 = 180$개

17 도형과 수식으로 생각하는 삼각비

삼각비라는 단어는 기억이 가물가물해도 '사인, 코사인, 탄젠트'라는 단어는 기억할 것이다. 삼각비가 등장할 무렵부터 고등학교 수학이 자신과는 먼 존재가 되어 수학 따위 나에게는 맞지 않는다고 느끼는 사람이 하나둘 생겨난다.

그러나 삼각비는 우리의 일상생활과도 관련 있는 장면이 많은 수학이라는 것을 알면 조금은 친숙하게 느껴질지도 모른다. 또한 삼각비는 우리에게 익숙한 직각삼각형을 기본으로 하므로 무턱대고 어려울 것 같다는 선입견만 갖지 않으면 괜찮다.

60세가 넘은 분이라면 중학교 수학에서 삼각비의 기초는 배웠을 것이다. 높은 나무와 가로등과 사람의 키를 구하는 문제가 교과서에 있었던 것이 어렴풋이 떠오르는 사람도 있을 것이다.

밑변이 4cm, 높이가 3cm, 사선이 5cm인 직각삼각형 ABC가 있다(오른쪽 페이지 그림 1). BC에 평행선 B'C'를 그으면 직각삼각형 ABC와 직각삼각형 AB'C'는 닮음이다. 밑변 AC와 높이 BC의 비율과 밑변 AC'와 높이 B'C'의 비율은 같다. 일반적으로 ∠C가 직각인 직각삼각형 ABC에서 AC와 BC의 비율은 △ABC의 크기와 관계없이 같다.

∠α의 크기만으로 AC와 BC의 비율이 정해진다.

AC와 BC의 비율을 ∠α의 탄젠트라고 하고 tan α라고 적는다. 마찬가지로 AB와 BC의 비율은 ∠α의 사인이라고 하며 sin α라고 적는다. AB와 AC의 비율은 ∠α의 코사인이라고 하고 cos α이라고 적는다. sin, cos, tan를 삼각비라고 한다.

(그림 1)

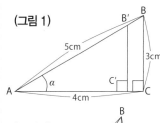

(그림 1)에서 $\triangle AB'C' \backsim \triangle ABC$이므로,

$AC : BC = AC' : B'C'$ 이 되고, $\dfrac{BC}{AC} = \dfrac{B'C'}{AC'}$ 가 성립한다.

마찬가지로, $\dfrac{BC}{AB} = \dfrac{B'C'}{AB'}$, $\dfrac{AC}{AB} = \dfrac{AC'}{AB'}$ 이 된다.

$$\tan \alpha = \dfrac{BC}{AC} = \dfrac{3}{4}, \quad \sin \alpha = \dfrac{BC}{AB} = \dfrac{3}{5},$$

$$\cos \alpha = \dfrac{AC}{AB} = \dfrac{4}{5}$$

(그림 2)

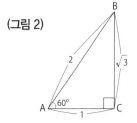

$\angle \alpha$ 이 60°와 30°인 경우를 생각하면 다음과 같다.

$\angle \alpha = 60°$ 의 직각삼각형(그림 2)은

$AB = 2$, $AC = 1$, $BC = \sqrt{3}$,

(그림 3)

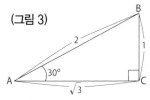

$$\sin 60° = \dfrac{BC}{AB} = \dfrac{\sqrt{3}}{2}, \quad \cos 60° = \dfrac{AC}{AB} = \dfrac{1}{2},$$

$$\tan 60° = \dfrac{BC}{AC} = \sqrt{3}$$

$\angle \alpha = 30°$인 직각삼각형(그림 3)은 $AB = 2$, $AC = \sqrt{3}$, $BC = 1$,

$$\sin 30° = \dfrac{1}{2}, \quad \cos 30° = \dfrac{\sqrt{3}}{2}, \quad \tan 30° = \dfrac{1}{\sqrt{3}} = \dfrac{\sqrt{3}}{3}$$

고등학교 수학 교과서 끝부분에 삼각비 표가 있다.

α가 60°라면, $\sin \to 0.8660$, $\cos \to 0.5000$, $\tan \to 1.7321$,

α가 30°라면, $\sin \to 0.5000$, $\cos \to 0.8660$, $\tan \to 0.5774$ 등이 된다.

〈문제 예〉

높이가 PQ인 나무가 있다. R에서 P까지의 각도는 60°이고, RQ는 5m이다. 나무의 높이를 구하시오.

(그림 4)

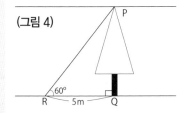

$\tan 60°$를 사용해서 구한다.

$$\tan 60° = \dfrac{PQ}{5} = \sqrt{3}, \quad \sqrt{3} = 1.732$$

라고 하고 계산하면, $5 \times \sqrt{3} = 8.660$

답   8.66m

18 사인 법칙과 코사인 법칙이란 무엇인가?

삼각비를 활용하면 높은 나무와 건물의 높이를 실제로 올라가보지 않아도 계산할 수 있다.

피타고라스 정리와 비슷한 성질을 이용한 것이 삼각비이다. 직각삼각형의 한 변의 길이와 하나의 각을 알면 산의 높이와 강의 폭을 계산으로 구할 수 있다. 그러면 일반 삼각형은 어떨까?

중학교에서 배운 피타고라스 정리를 이용해서 두 변을 알면 나머지 변도 반드시 계산으로 구할 수 있었다. 또한 sin, cos, tan의 삼각비를 사용하면, 하나의 변과 직각 이외의 하나의 각을 알면 다른 두 변을 구할 수 있었다(그림 1).

다만 직각삼각형이라는 특수한 삼각형에만 해당한다. (그림 2)와 같은 일반 삼각형의 경우는 적용할 수 없다. 그러나 사인 법칙과 코사인 법칙을 배우면 일반 삼각형의 변이나 각을 구할 수 있다.

△ABC의 외접원의 반지름을 R라고 하면 3개의 각과 3개의 변에 의해서 사인 법칙이 성립한다(그림 3, 증명은 고등학교 교과서 등을 참조하기 바란다). 이 정리를 사용하면 (그림 4)와 (그림 5)와 같은 문제를 풀 수 있다. 또한 △ABC의 하나의 각과 세 변의 길이 사이에는 코사인 법칙이 성립한다(그림 6).

피타고라스 정리와 삼각비를 이용해서 증명할 수 있다(이것도 고등학교 교과서를 참조하기 바란다).

이 정리를 사용하면 (그림 7)과 (그림 8)의 변과 각을 구하는 문제를 풀 수 있다.

사인 법칙과 코사인 법칙이란 무엇인가?

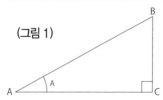

(그림 1)

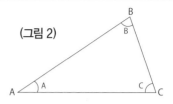

(그림 2)

(그림 3)

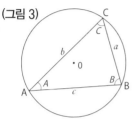

△ABC의 3개의 각 ∠A, ∠B, ∠C의 대변의 길이를 각각 a, b, c라고 나타낸다. △ABC의 외접원의 반지름을 R라고 하면 다음의 사인 법칙이 성립한다.
원주각의 정리 등을 사용해서 증명하지만 여기서는 결과만을 나타낸다.

$$\frac{a}{\sin A} = \frac{b}{\sin B} = \frac{c}{\sin C} = 2R$$

변을 구하는 문제

(그림 4)

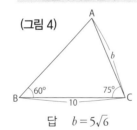

답 $b = 5\sqrt{6}$

∠A와 ∠C를 구하는 문제

(그림 5)

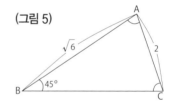

답 $C = 60°$ $A = 75°$ 또는 $C = 120°$ $A = 15°$

코사인 법칙

$a^2 = b^2 + c^2 - 2bc\cos A$
$b^2 = c^2 + a^2 - 2ca\cos B$
$c^2 = a^2 + b^2 - 2ab\cos C$

(그림 7)

(그림 8)

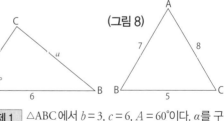

(그림 6)

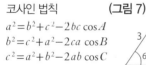

문제 1 (그림 7) △ABC에서 $b = 3$, $c = 6$, $A = 60°$이다. a를 구하시오. 코사인 법칙 $a^2 = b^2 + c^2 - 2bc\cos A$을 사용한다. $a = 3\sqrt{3}$

문제 2 (그림 8) △ABC에서 $a = 5$, $b = 8$, $c = 7$일 때 C를 구하시오.
$c^2 = a^2 + b^2 - 2ab\cos C$을 사용한다.
$C = 60°$

19 삼각함수를 그래프로 표현한다

마침내 화제의 삼각함수를 살펴본다. 몇 년 전 일본의 한 현(縣)의 현직 지사가 고등학교 교육에서 사인, 코사인, 탄젠트를 가르쳐서 뭘 어쩌자는 거냐는 발언을 해서 물의를 일으켰다. 이 발언은 인터넷상에서 삼각함수가 도움이 되지 않는다는 논의로 발전했다. 그러나 일반적으로 74쪽부터 77쪽에서 소개한 sin, cos, tan만을 가리켜 삼각함수라고 하지 않는다.

아직 삼각비의 단계이다. 삼각비는 준비 작업(밑작업, 땅 고르기)을 통해서 진정한 삼각함수에 좇아가는 수순이다.

함수의 기본은 일차함수인 $y = ax+b$이다. 변수 x의 어떤 수가 단 하나 정해지면 그것에 대응하는 y도 하나 결정되고 그 연속된 점의 자취가 우리가 자주 보는 그래프이다.

동경(動徑) OP가 나타내는 일반각 θ를 결정하고 나서(그림 1) 삼각함수의 정의로 진행한다. 여기서 비로소 좌표가 나온다. x와 y라는 변수가 등장한다. α를 일반각 θ로 확장하고 $\cos \theta$, $\sin \theta$ 등을 θ의 함수라고 봤을 때 삼각함수라 칭한다.

이때 반지름을 1로 했을 때 원, 즉 단위원을 이용한다(그림 2). 이로써 삼각함수의 몇 가지 공식이 도출된다. 각 θ의 동경과 단위원의 교점을 P라 하면 P의 y 좌표가 $\sin \theta$, x 좌표가 $\cos \theta$가 된다(그림 3). 이것을 이용하면 $y = \sin \theta$와 $y = \cos \theta$의 그래프를 그릴 수 있다(그림 4).

$y = \cos \theta$의 그래프는 어딘가에서 본 적이 없는가? 오실로스코프로 소리 또는 소리의 파형을 조사했을 때 나타나는 형태이다.

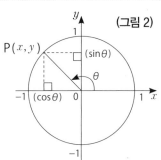

(그림 1)

호도법을 이용하면 각 α의 동경이 나타내는 일반각 θ는
$$\theta = \alpha + 2n\pi$$
(n 은 정수)

$\alpha + 360°$

(그림 2)

$P(x, y)$ ($\sin\theta$)

($\cos\theta$)

(그림 2)에서 삼각함수의 여러 공식이 성립한다.

$x = \cos\theta$, $y = \sin\theta$와 $x^2 + y^2 = 1$에서 ①이 도출된다.

① $\sin^2\theta + \cos^2\theta = 1$

② $\tan\theta = \dfrac{\sin\theta}{\cos\theta}$

③ $1 + \tan^2\theta = \dfrac{1}{\cos^2\theta}$

(그림 2)를 토대로 다음 공식도 성립한다.

④ $\theta + 2n\pi$ 의 삼각함수
$\sin(\theta + 2n\pi) = \sin\theta$
$\tan(\theta + 2n\pi) = \tan\theta$
$\cos(\theta + 2n\pi) = \cos\theta$

⑤ $-\theta$ 의 삼각함수
$\sin(-\theta) = -\sin\theta$
$\tan(-\theta) = -\tan\theta$
$\cos(-\theta) = \cos\theta$

⑥ $\theta + \dfrac{\pi}{2}$ 의 함수

$\sin\left(\theta + \dfrac{\pi}{2}\right) = \cos\theta$

$\tan\left(\theta + \dfrac{\pi}{2}\right) = -\dfrac{1}{\tan\theta}$

$\cos\left(\theta + \dfrac{\pi}{2}\right) = -\sin\theta$

⑦ $\theta + \pi$ 의 삼각함수
$\sin(\theta + \pi) = -\sin\theta$
$\tan(\theta + \pi) = \tan\theta$
$\cos(\theta + \pi) = -\cos\theta$

(그림 3)

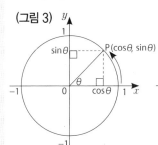

$\sin\theta$ P($\cos\theta$, $\sin\theta$)

$\cos\theta$

(그림 4) $y = \cos\theta$의 그래프이다.

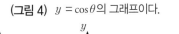
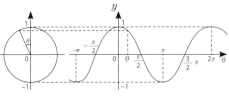

중학교 이과나 고등학교 물리 시간에 본 오실로스코프는 사인 곡선이다. 소리는 공기를 통해 전해지는 파로 삼각함수로 나타낸다. 왠지 복잡한 삼각함수가 깨끗한 파의 곡선 그래프가 되는 것을 보면 '수학이란 꽤 아름답다!'라는 생각이 들지 않는가?

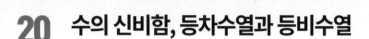

20 수의 신비함, 등차수열과 등비수열

이집트 문명과 메소포타미아 문명(바빌로니아 문명) 시대부터 인간은 수와 도형에 관심을 가졌다. 토지 측량 문제가 발생하는 농경문화는 도형 등의 지식이 필요했지만 수학에 관심을 갖는 사람들이 등장한 것은 그 때문만은 아닌 것 같은 기분이 든다. 밤하늘을 올려다보면 달과 별이 일정 간격으로 위치해 있고 그리고 계절에 따라서 변한다.

자연의 풍경과 시간의 변화를 보고 있자니 그만 신비로운 아름다움에 매료되어 수와 도형 연구를 시작한 것은 아닐까 하는 상상에 왠지 즐거워진다. 그렇게 생각하면 우리들이 중학교와 고등학교에서 배운 수학도 가까운 존재가 될 수 있을지도 모를 일이다.

수는 아름답고 신비로운 존재라는 것을 잘 알 수 있는 것이 수열이다. 교과서에는 '수열'이란 수를 일렬로 나열한 것으로, 수열의 각 수를 항이라고 한다. 여기에서는 등차수열과 등비수열을 예로 든다.

'등차수열'이란 첫째항 a부터 시작해서 일정한 수 d를 계속해서 더해 나감으로서 얻을 수 있는 수열이다. 옆에 있는 항의 차이가 항상 같아져서 d를 등차수열의 '공차'라고 한다.

'등비수열'이란 첫째항 a부터 시작해서 일정한 수를 계속해서 곱해 나감으로써 얻을 수 있는 수열이다. r을 그 등비수열의 '공비(公比)'라고 한다(오른쪽 페이지 참조).

일반항을 보면 무미건조한 공식밖에 보이지 않는다. 그러나 구체적인 수학에서 이들 수의 열을 보면 그 정연함에 놀라는 사람도 많지 않을까? 난해함과 아름다움 양면의 차이를 즐기는 것도 수학의 재미일지 모른다.

등차수열과 등비수열

① 등차수열의 일반항은 다음과 같이 구한다.

수열 $\{a_n\}$이 첫째항 a, 공차 d인 등차수열일 때

$$a_1 = a$$
$$a_2 = a_1 + d = a + d$$
$$a_3 = a_2 + d = a + 2d$$
$$a_4 = a_3 + d = a + 3d$$

제n항은

$$a_n = a + (n-1)d$$

$$\begin{array}{c} a \\ \| \\ a_1 \quad a_2 \quad a_3 \cdots\cdots a_{n-1}, \quad a_n \\ +d \quad +d \quad +d \qquad +d \\ d \text{가 } (n-1)\text{개 있다.} \end{array}$$

② 등차수열의 합

등차수열의 합을 구하는 공식이 있다. 첫째항 5, 공차 3인 등차수열의 첫째항부터 제5항까지의 합 $S_5 = 5 + 8 + 11 + 14 + 17 = 55$가 된다. 첫째항 a, 끝항(마지막 항) l, 공차 d, 항수 n인 등차수열의 합을 S_n이라고 한다.

$$S_n = a + (a+d) + (a+2d) + \cdots (l-d) + l \cdots \text{(a)}$$

(a)의 우변의 각 항을 반대로 나열한다.

$$S_n = l + (l-d) + (l-2d) + \cdots (a+d) + a \cdots \text{(b)}$$

(a)와 (b)를 각 변에 더한다. ( ) 안의 위/아래를 보기 바란다. ( ) 안의 d는 모두 사라진다.

$$\text{(a)} + \text{(b)} = 2S_n = n(a+l)$$

$$S_n = \frac{n(a+l)}{2} \cdots \text{(c)} \quad \text{(c)를 토대로 } S_5\text{를 계산하면 55}$$

(c)에 끝항(마지막 항) $l = a + (n-1)d$을 대입 $S_n = \frac{1}{2}n\{2a + (n-1)d\}$

③ 등비수열의 일반항은 다음과 같이 구한다.

수열 $\{a_n\}$이 첫째항 a, 공비 r의 등비수열일 때

$$a_1 = a$$
$$a_2 = a_1 \times r = ar$$
$$a_3 = a_2 \times r = ar^2 \cdots \text{제 } n \text{ 항은 } a_n = ar^{n-1} \text{ 이 된다.}$$

$$\begin{array}{c} a_1, a_2 \quad a_3 \cdots\cdots a_{n-1} \quad a_n \\ \times r \quad \times r \qquad \times r \\ r \text{이 } (n-1)\text{개 있다.} \end{array}$$

④ 등비수열의 합

첫째항 a, 공비 r, 첫째항부터 제n항까지의 합을 S_n이라고 한다.

$$S_n = a + ar + ar^2 + ar^3 + \cdots + ar^{n-2} + ar^{n-1} \cdots \text{(a)}$$

(a)의 양변에 r을 곱한다.

$$rS_n = ar + ar^2 + ar^3 \cdots + ar^{n-1} + ar^n \cdots \text{(b)}$$

(a)에서 (b)를 빼고 계산하면 다음 공식이 구해진다.

$$r \neq 1 \rightarrow S_n = \frac{a(1-r^n)}{1-r} = \frac{a(r^n - 1)}{r-1}$$

$$r = 1 \rightarrow S_n = na$$

수의 신비학 등차수열과 등비수열

21 미분을 알면 세계가 넓어진다

고등학교에서 미분·적분을 배우면서 극한의 세계를 따라가지 못하고 계산도 복잡했던 기억이 떠오른다.

하지만 미분·적분 덕분에 원의 넓이뿐 아니라 곡선과 직선으로 둘러싸인 도형의 넓이도 구할 수 있다.

그러면 비행기와 로켓 같은 속도에 관한 공학과 물리 등에 자주 이용되는 미분부터 시작해보자.

'미분이란 무엇인가?'를 이해하기 위해서 우선 어느 물체의 운동을 생각하면 쉽게 이해할 수 있다. 공이 경사면을 굴러내려가는 시간(x)과 거리(y)의 관계를 조사하면 $y=ax^2$라는 식이 성립하는 것을 알 수 있다.

시간 x(초)와 굴러내려간 거리 y(m) 사이에 $y = \frac{1}{2}x^2$의 관계가 성립한다고 하자(그림 1).

최초의 1초에 $\frac{1}{2}$m, 2초에 2m, 4초에 8m이다.

공의 속도가 일정하지 않다는 점에 주목하기 바란다.

변화하는 시간에 따라 어느 시각의 순간적인 공의 속도를 구할 수 있다.

$y = f(x) = \frac{1}{2}x^2$의 그래프는 오른쪽 (그림 2)와 같다($x \geq 0$). x가 1에서 2까지 변화했다고 하자. 평균 변화율은 $\frac{3}{2}$, 이것은 1초부터 2초 사이의 평균 속도를 나타낸다.

오른쪽 (그림 2)의 A점을 통과하는 접선 l_1은 1초 후, B점을 통과하는 l_2는 2초 후의 속도이다.

미분 덕분에 특히 탈 것과 관련한 과학기술이 급속하게 발달했다고 한다.

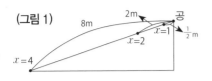

(그림 1)

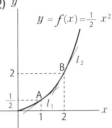

(그림 2)

$y = f(x) = \dfrac{1}{2}x^2 \ (x \geq 0)$의 그래프는 (그림 2)와 같다. x가 1부터 2까지 변화했다고 하자.

평균 변화율 $= \dfrac{f(2) - f(1)}{2 - 1} = \dfrac{2 - \dfrac{1}{2}}{2 - 1} = \dfrac{3}{2}$

평균 변화율 $= \dfrac{(y\text{의 증가량})}{(x\text{와 증가량})}$ 이므로,

83

$\dfrac{(\text{거리의 증가량})}{(\text{시간의 증가량})}$ 이라고 나타낼 수도 있다. 이것은 거리÷시간 = 속도의 공식에 의해 평균 속도라고도 생각할 수 있기 때문에 1초부터 2초 사이의 평균 속도를 말한다.

이것에 의해 점 A에 접하고 있는 접선 l_1의 기울기는 1초 후 물체 A의 순간 속도를 나타내는 것을 예상할 수 있다.

x가 a부터 $a + h$까지 변화할 때 함수 $y = f(x)$의 평균 변화율은 $\dfrac{f(a+h) - f(a)}{h}$이다. 이 극한값을 $f'(a)$라고 나타내고 이것을 $x = a$의 함수 $f(x)$의 미분계수라고 한다. (그림 2) 라면 l_1, l_2의 기울기이다.

$f'(x) = x$이므로 $f'(1) = 1$에 의해 이때의 순간 속도는 1m/초인 것을 알 수 있다. 2초 후에는 (점 B 지점) $f'(2) = 2$에서 이때의 순간 속도는 2m/초가 돼 속도가 방금 전의 2배가 되는 것을 알 수 있다.

시간이 지남에 따라 l의 기울기가 가팔라지는 것은 속도가 가속되는 것을 나타낸다. 그래프로 나타내면 미분의 의미를 대단히 쉽게 이해할 수 있다.

22 적분이란 무엇인가?

고등학교 수학에 즐거운 기억이 없는 사람은 적분이라는 문자를 보면 생각이 멈추는 건 아닐지······.

하지만 무언가 넓이와 관계있을 것 같다고 직감적으로 알아차린 사람이라면 적분은 의외로 알기 쉬운 고등학교 수학 중 하나이다.

$f(x)=x^2$을 미분하면 $f'(x)=2x$가 된다. 함수 $f(x)$가 주어졌을 때 미분해서 $f(x)$가 되는 함수, $F'(x)=f(x)$를 충족하는 함수 $F(x)$를 함수 $f(x)$의 원시함수(또는 부정적분)라고 한다.

$f(x)$의 임의의 원시함수는 적분상수 C를 붙여서 $F(x)$+C라고 나타낸다. 함수 $f(x)$의 부정적분을 구하는 것을 $f(x)$를 적분한다고 한다. x^2+C를 미분하면 $2x$가 된다. 한편 $2x$를 적분하면 x^2+C가 된다(그림 1).

사전에서 적분을 찾으면 함수가 나타내는 곡선과 x 좌표축 상의 일정 구간으로 둘러싸인 넓이를 어느 극한값으로 구하는 것이라고 나온다. 적분을 간단하고 알기 쉽게 문장으로 설명하고 있다. 이것을 그래프로 나타내면 오른쪽 페이지 (그림 2)와 같다.

일반적으로는 적분이라고 하면 넓이를 구하는 정적분이라고 이해하기 바란다. 미분과 적분은 밀접한 관계에 있어 우선 미분을 배우고 다음으로 부정적분을, 마지막에 정적분을 배운다. 그러나 미분과 적분의 역사를 보면 적분이 먼저이다. 적분은 아르키메데스(기원전 3세기경)가 생각했다고 한다.

한편 미분은 17세기에 뉴턴과 라이프니츠가 거의 동시에 발견했다. 미분 부분에서 소개한 물체의 속도를 연구한 것이 계기가 됐다고 한다. 이후 미분과 적분이 서로 반대의 조작으로 구해지는 것을 알았다.

적분과 넓이의 관계

(그림 1)

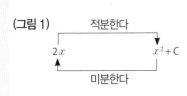

(그림 2)

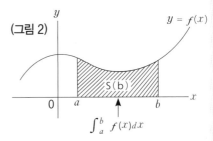

$$\left[\begin{array}{l}\text{곡선과 } x \text{ 좌표축과 } x=a,\ x=b \\ \text{로 둘러싸인 넓이 } S(b)\end{array}\right]$$

$f(x)=x^2 \rightarrow f(x)=2x$ 이므로

$F(x)=2x+C$ 가 된다.

x^n 및 상수배·합·차의 부정적분은 다음과 같다.

1 n 이 양의 정수 또는 0일 때

$$\int x^n dx = \frac{1}{n+1}x^{n+1}+C$$

2 상수배 (k 는 상수)

$$\int k f(x)\,dx = k\int f(x)\,dx$$

3 합

$$\int \{f(x)+g(x)\}\,dx = \int f(x)\,dx + \int g(x)\,dx$$

4 차

$$\int \{f(x)-g(x)\}\,dx = \int f(x)\,dx - \int g(x)\,dx$$

〈문제 예〉 다음의 부정적분을 구하시오.

$$\int (6x^2-4x+5)\,dx = 6\int x^2 dx - 4\int x\,dx + 5\int dx$$

$$= 6 \times \frac{1}{3}x^3 - 4 \times \frac{1}{2}x^2 + 5x + C$$

$$= 2x^3 - 2x^2 + 5x + C$$

이들 부정적분을 이해한 후 다음 절에서 적분의 본질을 살펴본다.

일반적으로 $f(x)$ 의 원시함수의 하나를 $F(x)$ 라고 하면

$$\int_a^b f(x)\,dx = \left[\, F(x) \,\right]_a^b = F(b)-F(a)$$ 가 된다.

(그림 2를 참조)

23 정적분과 넓이의 관계를 이해한다

미분과 적분의 관계를 정확하게 해명한 것은 뉴턴과 라이프니츠였다.

뉴턴은 17세기 전후에 활약한 영국의 물리학자로 만유인력의 법칙을 발견한 것으로도 알려져 있다. 라이프니츠 역시 17세기 전후에 활약한 독일의 철학자로 유명하다.

뉴턴은 물리학에서, 라이프니츠는 철학에서 미분·적분에 접근했다는 역사적 사실은 ICT(정보통신기술; Information and Communication Technology)가 발달한 현대 사회에서 생각하면 재미있는 조화라는 기분이 든다.

미분·적분은 물리학·공학 나아가 경제학을 포함한 사회과학에 크나큰 공헌을 하고 있다. 자연과학과 사회과학 발전의 연장선상에 현재의 문명사회가 성립되어 있고, 우리는 편리한 ICT에 둘러싸여 생활하고 있다.

미분·적분을 생각할 때 키워드는 극한이 아닐까 하는 게 나의 생각이다.

고등학교 수학에는 자연의 흐름으로 'x가 a에 한없이 가까워질 때 $f(x)$의 극한값을 a라고 한다'는 표현이 나온다.

눈에 보이는 것과 숫자는 머리에 쉽게 들어오지만 관념적, 이념적인 개념을 이해하는 것은 일반인들에게는 어렵게 느껴지는 일이 많다.

'한없이 a에 가까워진다'라고 머릿속에서 이론적으로는 이해해도 '그 a는 눈으로 보는 것은 가능한가'라는 의문을 가진 사람도 있을 것이다. 고등학교 수학을 무난히 통과하려면 이 점을 이해하냐 못하냐에 달려 있다고 생각한다. 덧붙이면 라이프니츠는 신학자이기도 했다.

정적분과 넓이의 관계

정적분과 넓이의 관계를 함수 $f(x) = x + 2$(그래프가 직선이 된다)로 생각해보자. (그림 1)은 x 좌표가 1부터 x 까지 범위에서 함수 $f(x) = x + 2$의 그래프와 x 축 사이에 있는 사다리꼴을 나타내고 있다. 이 사다리꼴의 넓이를 $S(x)$라고 한다.

$$S(x) = \frac{1}{2}(x-1)\{3+(x+2)\}$$
$$= \frac{1}{2}(x^2+4x-5)$$
$$= \frac{1}{2}x^2+2x-\frac{5}{2} \quad (x \geq 1)$$

(그림 1)

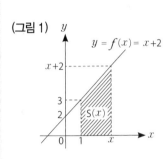

넓이 $S(x)$를 미분하면 $S'(x)=x + 2$ 이것은 직접 $y=f(x)=x + 2$라는 최초의 함수이다. 넓이 $S(x)$는 $f(x)$의 원시함수이다. 이 성질을 활용해서 곡선과 x로 둘러싸인 도형의 넓이를 구한다.
그러면 포물선으로 도형의 넓이를 구해보자.

(그림 2)

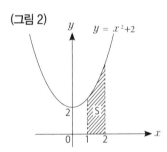

포물선 $y=x^2 + 2$와 x축 및 두 직선, $x=1$, $x=2$로 둘러싸인 도형의 넓이 S를 구하자. 구간 $1 \leq x \leq 2$에서는 $y>0$

$$S = \int_1^2 (x^2+2)\,dx$$
$$= \left[\frac{1}{3}x^3+2x\right]_1^2$$
$$= \left(\frac{8}{3}+4\right)-\left(\frac{1}{3}+2\right)$$
$$= \frac{13}{3}$$

이렇게 해서 미분과 정적분을 이용하면 여러 가지 도형의 넓이를 정확하게 구할 수 있다. 중학교에서는 삼각형, 사각형, 원 그리고 일부 다각형의 넓이만 구할 수 있었다. 고등학교 수학에서는 여러 가지 곡선으로 이루어진 도형의 넓이를 구하는 것이 가능하다. 여기서는 소개하지 않았지만 적분의 성질을 이용해서 다양한 형태를 한 입체의 부피를 구할 수도 있다. 흥미 있는 사람은 꼭 고등학교 수학에 도전해보기 바란다.

정적분과 넓이의 관계를 이해한다

수와 식 딱 좋은 이야기

황금비는 균형 잡힌 아름다운 수학

역사적인 미술품과 건조물을 보면 '조화로운 균형 잡힌 아름다움'에 감동할 때가 있다. 기원전에 꽃피운 그리스 사람들도 그랬다. 파르테논 신전과 그 외의 건조물에도 황금비가 채용됐다고 한다. 이 아름다운 비율로 나누어 생긴 비가 '황금비'이다.

사전에는 다음과 같은 설명이 나온다.

선분 AB 상에 점 P가 있고 AB:AP=AP:PB AB×PB=AP^2

이러한 관계에 있는 점 P에 의한 선분 AB의 분할을 황금 분할이라고 하며 그때의 AP:PB가 황금비가 된다(그림 1).

생활 속 가까이에 황금비로 만들어져 있는 것이 바로 명함이다. 가로와 세로가 황금비로 생긴 세로가 2인 직사각형 ABCD가 있다. 이때 직사각형 ABCD와 직사각형 DEFC는 서로 닮음이다. 세로를 2, AD를 x로 하면 다음의 비례식이 성립한다(그림 2).

$2:x = (x-2):2$, (내항의 곱) = (외항의 곱)에서 $x \times (x-2) = 4$, $x^2 - 2x-4 = 0$ 이것을 풀면 $x = 1 \pm \sqrt{5}$, $x>0$이므로 $x = 1+\sqrt{5}$가 된다. $\sqrt{5}$ = 2.236이 된다고 하면 직사각형 ABCD의 세로와 가로 비는 $2:1+\sqrt{5}$ = 2:(1 + 2.236) = 500:809 이므로 5:8 정도라고 할 수 있다.

고대 그리스 사람들은 수에 대해 아름다움뿐 아니라 신비로움을 느꼈다.

'황금비'라는 단어가 처음 등장한 것은 독일 수학자 마틴 옴의 저서 『초등순수수학』(1835년 간행)이다.

피타고라스 정리로 유명한 피타고라스는 '만물은 수'라는 생각하에 세계를 인식하고자 했던 철학자이기도 했다.

밀로의 비너스는 배꼽을 기준으로 위와 아래의 길이 비가 황금비에 가깝다. 그리스의 파르테논 신전(기원전 440년)은 세로를 5로 하면 가로는 8이다.

이집트의 쿠푸왕 피라미드와 일본의 당초제사 금색당도 황금비에 가까운 것으로 알려져 있다. 황금비의 건조물과 미술품은 어디에서 어디로 전파되었다고 보기보다는 아름답다고 생각한 감각은 만국 공통이라고 생각하는 것이 자연스럽지 않을까 추측한다.

89

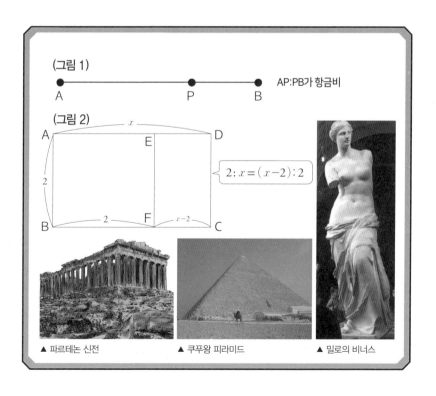

(그림 1)

A   P   B   AP:PB가 항금비

(그림 2)

$$2 : x = (x-2) : 2$$

▲ 파르테논 신전   ▲ 쿠푸왕 피라미드   ▲ 밀로의 비너스

중학교 수학 문제 도전 ③

문제

다음 그림에서 O는 원의 중심이다.
다음 문제에 답하시오.

① ∠x는 몇 도인가?
② ∠y는 몇 도인가?

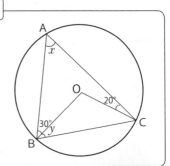

풀이

① ∠BOC = 2∠BAC(중심각은 원주각의 2배)가 되기 때문에

∠BOC = 2x가 된다.

BO를 연장해서 AC와 교차하는 점을 D라고 한다.

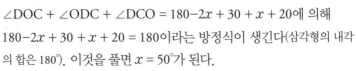

∠DOC = 180−2x

∠ODC = 30 + x

(∠ODC는 △ABD의 외각)

△OCD로 생각하면 다음과 같이 된다.

∠DOC + ∠ODC + ∠DCO = 180−2x + 30 + x + 20에 의해

180−2x + 30 + x + 20 = 180이라는 방정식이 생긴다(삼각형의 내각
의 합은 180˚). 이것을 풀면 x = 50˚가 된다.

② ∠BAC = 50˚이므로 ∠BOC = 100˚가 된다. 또한 삼각형의 OBC는
이등변 삼각형이므로 ∠OBC = ∠OCB이다.

그러므로 y + y + 100 = 180이 되어 2y = 80, y = 40˚가 된다.

정답

① 50˚   ② 40˚

문제

일차함수 $y = 2x + 3$에 대해 다음 각 문항에 답하시오.

① $x = 1$에 대응하는 y의 값을 구하시오.

② x의 값이 5 증가했을 때 y의 증가량을 구하시오.

③ x축과 교차하는 점 B의 좌표를 구하시오.

④ △ABO의 넓이를 구하시오. 다만 1눈금을 1cm로 한다.

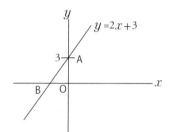

풀이

① $y = 2x + 3$에 $x = 1$을 대입하면 $y = 2 + 3 = 5$가 된다.

② $\dfrac{(y의 증가량)}{(x의 증가량)} = (기울기) = 2$이므로 $x = 5$를 대입하면

  $y = 10$이 된다.

③ x축은 y좌표가 얼마가 되는지를 생각해보자. B의 y좌표는 0이므로

  이것을 $y = 2x + 3$에 대입한다.

  $0 = 2x + 3$, $2x = -3$ $x = -\dfrac{3}{2}$에 의해

  B의 좌표는 $(-\dfrac{3}{2}, 0)$이 된다.

④ $BO = \dfrac{3}{2}$ $AO = 3$(A의 좌표는 $(0, 3)$이다)

  $(△ABO의 넓이) = \dfrac{3}{2} \times 3 \times \dfrac{1}{2} = \dfrac{9}{4}$가 된다.

정답   ① 5   ② 10   ③ B$(-\dfrac{3}{2}, 0)$ ④ $\dfrac{9}{4}$

칼럼 ④
COLUMN
글로벌 사회에서 수학이 주목받고 있다!

교육계와 경제계에서는 논리적 사고와 메타 인지(자신의 사고를 대상화해서 모니터하여 정리하는 능력)라는 단어를 자주 듣는다. 이것은 경제와 문화의 교류, 그리고 사람의 이동이 활발해짐에 따라 글로벌 사회로 진행하기 때문이다.

수학은 논리적 사고와 메타 인지의 발달을 촉진하는 것으로 알려져 왔다. 다시 말해 문과, 이과를 불문하고 중시된 것이 수학이다. 수학의 공식과 정리를 도출하기 위해서는 논리적 사고법을 활용하고 있다. 수학과 수식을 활용해서 합리적으로 생각하기 때문이다.

수학은 문제를 푼 후 수와 수식, 선분 그림과 도형이 확실히 남아 있다는 것이 특징이다. 때문에 문제를 푸는 중간에 생각이나 오류를 검증하기 쉬운 교과이다. 수학은 푼 과정을 확인할 수도 있어 오류를 수정하는 과정에서 메타 인지의 발달을 촉진하게 된다.

다른 사람에게 수학 문제 등을 생각할 때도 메타 인지가 필요해지고 있다. 이렇게 생각하면 수학에 의한 논리적 사고와 메타 인지의 발달은 글로벌 사회에 대응할 수 있는 커뮤니케이션 능력을 높이는 데도 도움이 된다. 수학과 국어가 관련되어 있다고 하니 놀랍다. 수학과 국어의 협업이 필요한 시대가 됐다.

제  장

일상생활과 수식

24 '도보 ○분'이라는 표현에 사용되는 기본이 되는 값

도보 ○분 = 거리(m) ÷ 80(m)(올림)

'역에서 도보 5분'이라고 적힌 부동산 광고를 자주 본다.

몇 분이라는 시간은 실제로 무엇을 근거로 산정한 시간인지 생각해본 적이 있는가?

그것에는 확실한 이유가 있다. 바로 부동산에 관한 '공정경쟁규약시행규칙'에 정해져 있다. 걸어서 걸리는 소요 시간을 가리키며, 도로 거리 80m당 1분이 걸리는 것으로 산출한 숫자이다.

1분 미만의 수치는 모두 반올림해서 표시한다. 설령 도보 30초에 도착할 수 있는 가까운 곳이라도 도보 1분이 된다.

역에서 도보 5분이라고 표시되어 있는 건물은 321m~400m 거리라는 계산이 된다. 그러나 이것은 지도상의 직선 거리를 나타내는 것은 아니다. 실제로 존재하고 통행이 가능한 도로를 걸은 소요 시간이다.

아파트 등과 같은 부지 안에 공동주택이 있는 경우는 각 집까지의 거리가 아니라 그 아파트를 소유한 부지의 가장 가까운 지점을 기준으로 한다.

그러다 보니 부지 넓이가 큰 주택은 도보 소요 시간이 몇 분 달라지기도 한다.

언덕길이나 계단은 평소 걷는 속도보다 시간이 걸리지만 고려하지 않는다.

덧붙이면 '분속 80m'라는 기준은 건강한 여성이 하이힐을 신고 걸었을 때 실측 평균 분속이라고도 한다.

역 출구에서 집까지의 거리 측정 방법

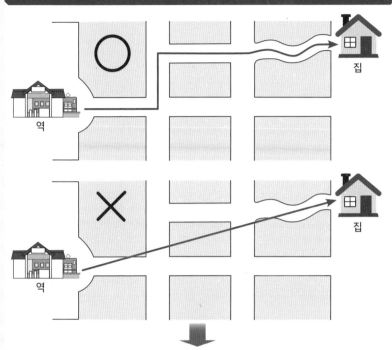

역에서 집까지의 거리는 지도상의 직선 거리가 아니라
실제로 걸어가는 과정의 거리를 합한 수치를 가리킨다!

부동산 전단지에 거리로 도보 ○분이라고 적혀 있다면
1분을 80m로 해서 계산하면 대략적인 거리를 알 수 있다.

수학 한마디 메모

도보에 걸리는 소요 시간은 주택지도 등에 나타난 거리를 측정한다.
신호 대기가 많거나 언덕이나 횡단보도가 있는 경우도 있으므로 실제
로 걸리는 소요 시간과 오차가 생기는 경우도 있다.

25 내년 ○월 △일의 요일을 계산하는 식

올해의 요일 + 1일 = 내년의 요일

　　　　내년 ○월 △일이 무슨 요일인지 간단하게 조사하는 방법은 없을까? 1년이 365일이라는 점에 주목하면 간단하게 다음 해 같은 날짜의 요일을 조사하는 것이 가능하다. 1주일은 7일이다. 다시 말해 7일이 하나의 주기가 되고 그것이 반복된다. 365일을 7로 나누면 $365 \div 7$의 몫은 52, 나머지는 1이다. 1일만큼 뒤로 밀려난다는 계산이다.

　2018년 4월 22일은 일요일이므로 2019년 4월 22일은 일요일에서 하나 뒤로 밀려난 월요일이다. 여기서 한 가지, 윤년이 무슨 해인지를 기억해둘 필요가 있다.

　4년에 한 번 윤년이 찾아온다. 2020년, 2024년, …이 윤년이 된다.

　윤년은 1년이 365일이 아니라 366일이므로 $366 \div 7$의 몫은 52, 나머지는 2이므로 다음 해 요일은 2개씩 뒤로 밀려난다. 2019년 4월 22일은 월요일이다. 그렇다면 다음 해인 2020년 4월 22일은 이틀 뒤로 밀리므로 수요일이다.

　덧붙이면 같은 해 4월 4일, 6월 6일, 8월 8일, 10월 10일, 12월 12일은 같은 요일이 된다. 2018년 4월 4일은 수요일이다. 6월 6일도 수요일, 8월 8일도 수요일, 10월 10일, 12월 12일도 수요일이다. 이것도 $\div 7$의 계산으로 구할 수 있다. 도전해보기 바란다.

12

Mon	Tue	Wed	Thu	Fri	Sat	Sun
					1	2
3	4	5	6	7	8	9
10	11	12	13	14	15	16
17	18	19	20	21	22	23
24/31	25	26	27	28	29	30

2018년 12월 24일
(월요일)

2019년 12월 24일
(?요일)

월요일이면 다음 해는 화요일이다

$$\frac{1년}{365일} \div \frac{1주일}{7일} = 52주 \quad 나머지 1일$$

나머지가 1일이라는 것은 1일만큼 다음 요일로 밀려난다는 뜻이다.

윤년

2020년	2024년	2028년
2032년	2036년	2040년
2044년	2048년	2052년

윤년은 366일이므로 366 ÷ 7의 몫 52,
나머지 2일이 된다.
즉 다음 해 요일은 2일만큼 뒤로 밀려나게 된다!

수학 한마디 메모

'내년과 다음 해'는 의미가 비슷하지만 엄밀하게는 조금 다르다. 내년은 올해의 다음 해를 의미하지만, 다음 해는 어느 해의 다음 해라는 의미이다.

26 년도에서 간지를 간단하게 조사하는 방법

년도÷12에서 나온 나머지에 9를 더한다

서양력에서 그 해의 간지가 무엇인지를 조사하는 방법은 없을까? 그것은 년도를 12로 나누고 그 나머지에 9를 더한 수치에서 조사할 수 있다.

12지는 자(쥐), 축(소), 인(호랑이), 묘(토끼), 진(용), 사(뱀), 오(말), 미(양), 신(원숭이), 유(닭), 술(개), 해(돼지)이다.

이 순서가 포인트이다.

어째서 마지막에 9를 더하는 걸까? 그것은 기원전 1년(기원 0년을 말한다)은 12지를 거슬러 올라가서 계산하면 신(원숭이)에 해당하고 신년이 9번째에 해당하기 때문이다.

계산해서 나온 수치에 9를 더한 수가 12를 넘은 경우는 그 수치에서 12를 뺀다. 이 값이 5였다면 진년이 된다.

다시 말해 1=자(쥐), 2=축(소), 3=인(호랑이), 4=묘(토끼), 5=진(용), 6=사(뱀), 7=오(말), 8=미(양), 9=신(원숭이), 10=유(닭), 11=술(개), 12=해(돼지)이다.

2018년을 예로 들어 보자. 2018÷12의 몫은 168, 나머지는 2이다. 2에 9를 더하면 11이다.

11번째 간지는 술(개)이다.

확실히 술(개)해인 것을 계산에서 구했다.

사소한 수의 성질과 그 관계를 알면 서양력에서 그 해의 간지가 무엇인지 조사할 수 있다.

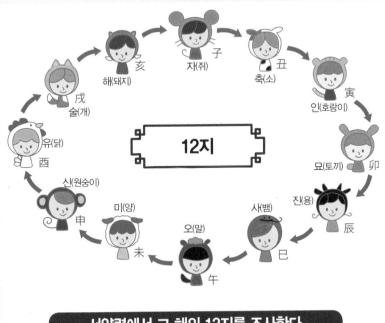

서양력에서 그 해의 12지를 조사한다

년도÷12의 나머지에 9를 더한다

자	축	인	묘	진	사	오	미	신	유	술	해
1	2	3	4	5	6	7	8	9	10	11	12

※12를 넘으면 12를 뺀 숫자가 해당 간지이다.

수학 한마디 메모

12지에 해당하는 자＝쥐, 축＝소, …가 어떻게 정해졌는지 그 이유는 아직 해명되지 않았다. '해'에 해당하는 동물이 한국에서는 돼지, 일본에서는 멧돼지로 다르다.

27 현재의 습도가 얼마인지를 알아보는 식

> 습도(%) = 현재의 수증기량 ÷ 포화수증기량 × 100

습도에는 크게 절대습도와 상대습도라는 것이 있다. 절대 습도란 공기 1m³에 포함되는 수증기의 질량을 말하며, 그램 단위로 나타낸다. 상대습도란 공기 중의 수증기량과 그때 기온에서의 포화수증기량의 관계로 %로 나타낸다.

기상 예보에서 일반적으로 사용되고 있는 것은 상대습도이다. 이 습도를 구하는 식은 중학교 수학에서 배운다.

(습도)(%)=(현재의 수증기량)÷(현재 기온의 포화수증기량)×100이라는 식으로 구할 수 있다.

포화수증기량이란 공기 1m³에 포함될 수 있는 한 최대의 수증기량을 말한다. 포화수증기량은 기온이 높아질수록 커진다. 기온과 포화수증기량의 관계는 기온 15도일 때는 12.8g, 20도일 때는 17.2g, 30도일 때는 30.3g이다.

습도 100%는 어떤 상태를 말하는 걸까? 습도 100%는 물속에 있는 상태라고 생각하는 사람이 있을지도 모르겠지만 공기 중 수증기량과의 비율을 나타낸 것이 습도이다. 수중에는 공기가 존재하지 않으므로 습도 100% = 수중이라는 관계는 성립하지 않는다.

습도 100%는 그때의 기온에서 공기 중에 포함될 수 있는 수분량이 100%가 됐을 때를 말한다. 습도를 토대로 다음에 소개하는 불쾌지수를 생각해 냈다.

주요 기온에서의 포화수증기량 g/m³

기온 (℃)	포화수증기량 (g/m³)	기온 (℃)	포화수증기량 (g/m³)
−50	0.0381	10	9.39
−40	0.119	15	12.8
−30	0.338	20	17.2
−20	0.882	25	23.0
−10	2.14	30	30.3
−5	3.24	35	39.6
0	4.85	40	51.1
5	6.79	50	82.8

상대습도	습도	절대습도
수증기량과 기온에서의 포화수증기량과의 관계를 나타낸다.		공기 1m³에 포함되는 수증기의 질량 크기를 나타낸다.
%로 표시		g으로 표시

일반적으로 습도란 상대습도를 말한다.

기온이 높아도 크게 덥지 않게 느끼는 것은
습도가 낮기 때문이다.
'기온이 높다 = 더위'가 아니라
습도가 체감온도에 더 깊이 관계된다.

수학 한마디 메모

기상청에서는 기상 관측상 하루 중 가장 낮았던 습도 값을 최소 습도
라고 기록하고 통계를 내고 있다.

28 불쾌지수를 조사하는 식

> **0.81 × 기온 + 습도(%) × (0.99×기온 − 14.3) + 46.3**

불쾌지수란 여름철에 나타나는 찜통더위를 수치로 나타
낸 하나의 지표이다. 미국 기상국에서 최초로 채용했다고 한다. 불쾌지수는
'0.81×기온 + 습도(%)×(0.99×기온 − 14.3) + 46.3'이라는 식으로 구할 수
있다.

예를 들어 기온 27도, 습도 55%인 경우라고 하면,

$$0.81×27 + 0.55×(0.99×27 − 14.3) + 46.3$$

이 되어 불쾌지수는 75가 된다. 75라는 수치는 무엇을 나타내는 걸까? 이
에 대해 한 가지 정해진 개념을 보면 불쾌지수가 75를 넘으면 인구의 10%가
불쾌해지고 80을 넘으면 모든 사람이 불쾌하다고 느낀다.

또한 보통 사람의 경우 불쾌지수가 77이면 불쾌하다고 느끼는 사람이 나
오기 시작해 85가 되면 93%의 사람이 더위에 의한 불쾌감을 느낀다는 데이
터가 있다.

몸이 느끼는 무더위는 기온과 습도뿐만 아니라 풍속 등의 조건에 의해서
도 다르기 때문에 불쾌지수가 반드시 체감정도와 일치하는 것은 아니다.

불쾌지수와 많은 사람이 느끼는 체감정도의 관계를 오른쪽 페이지를 참
고하자. 이 표에 의하면 불쾌지수 75는 '덥지 않다'와 '다소 덥다'의 경계인
것을 알 수 있다.

날씨 예보에서 자주 듣는 불쾌지수는 이렇게 해서 구해진다.

불쾌지수

기온이 높아지면 불쾌지수가 높아지는 경향이 있다.

불쾌지수는 여름철 찜통더위를 수치로 나타낸 것이다.

불쾌지수가 75를 넘으면 인구의 10%가 불쾌함을 느낀다.

불쾌지수와 체감

불쾌지수	체감정도	불쾌지수	체감정도
~55	춥다.	70~75	덥지 않다.
55~60	약간 춥다.	75~80	약간 덥다.
60~65	아무것도 느껴지지 않는다.	80~85	더워서 땀이 난다.
65~70	상쾌하다.	85~	더워서 참을 수 없다.

불쾌지수는 바람 등의 영향도 있으므로 불쾌지수의 수치가 그대로 체감정도가 되지 않을 수도 있다.

수학 한마디 메모

기온이 높으면 높을수록 불쾌지수가 높아지는 경향이 있지만, 같은 기온이라도 신체가 느끼는 감각은 습도와 큰 관련이 있다. 하와이가 기온이 높아도 무덥게 느껴지지 않는 것은 그 때문이다.

29 표준점수란 어떤 숫자인가?

$$표준점수 = \frac{점수 - 평균\ 점수}{표준편차} \times 20 + 100$$

표준점수는 어느 집단 중에서 그 사람의 위치를 나타내는 수치이다. 평균 점수를 맞은 사람의 표준점수를 50으로 해서 그 사람의 점수가 평균 점수보다 높은 경우 표준점수는 51, 52,…로 높아지고 평균 점수 이하이면 49, 48,…로 낮아진다.

표준점수는 해당 테스트의 평균 점수를 50으로 해서 나타내므로 테스트 결과 평균 점수가 60점, 표준편차가 15점이었다고 하자. 표준편차란 한 사람 한 사람의 점수와 평균 점수의 차(=편차)를 평균한 것이므로 전체 점수의 차이가 클수록 커지고 점수 범위가 몰려 있을수록 작아진다.

표준점수는 테스트 점수가 아니라 집단 속에서 위치=순위를 나타내는 것이므로 가령 100점 만점의 테스트에서 85점을 맞아도 표준점수로 보면 48이 되고 테스트에서 45점밖에 맞지 않았는데 표준점수는 85인 경우도 있다.

표준점수는 아래의 방법으로 계산할 수 있다.

$$표준점수 = \frac{점수 - 평균\ 점수}{표준편차} \times 20 + 100$$

대학이나 고등학교를 선택할 때 지망학교를 결정해도 표준점수가 도달하지 않아 학교나 학원 선생님에게 지망학교를 변경하라고 강요당하기도 한다.

표준점수는 전체 중에서 어디에 있는지를 나타내는 상대평가의 하나라고 할 수 있다. 일본의 수험은 경쟁 입시이므로 표준점수가 중시되는 것이 현실이다.

표준점수를 내는 방법

$$표준점수 = \frac{점수 - 평균\ 점수}{표준편차} \times 20 + 100$$

● 표준편차란

데이터의 편차 크기를 나타내는 것으로 데이터 값과 평균값의 차(편차)를 제곱해서 평균한다. 이것을 변수와 같은 단위로 나타내기 위해 제곱근을 취한 표준편차가 가장 자주 이용된다. 표준편차는 보통 Σ(시그마)로 나타낸다.

$$S = \sqrt{\frac{1}{n}\sum_{i=1}^{n}(x_i - \overline{x})^2}$$

$S \Rightarrow$ 표준편차 $x_i \Rightarrow$ 데이터 값

$n \Rightarrow$ 데이터의 총 개수 $\overline{x} \Rightarrow$ 평균

● 평균 점수가 55점인 테스트에서 표준편차가 15점인 경우

A군 70점 $\dfrac{70-55}{15} \times 20 + 100 = 120$

B군 40점 $\dfrac{40-55}{15} \times 20 + 100 = 80$

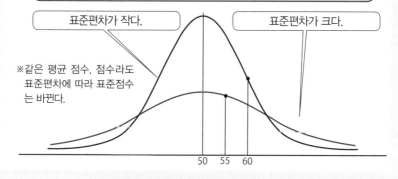

표준편차가 작다.

표준편차가 크다.

※같은 평균 점수, 점수라도 표준편차에 따라 표준점수는 바뀐다.

50 55 60

수학 한마디 메모

표준점수는 합격 또는 불합격을 예측하는 판단 재료이지만, 표준점수가 높은 학교에 합격해도 낮은 학교에 불합격하는 경우가 있다. 하나의 기준이지 절대적인 숫자는 아니다.

30 도쿄 돔을 기본으로 하여 크기를 조사한다

넓이 = 4만 6,755m², 부피 = 124만m³

도쿄 돔은 일본에서 누구나 알고 있는 유명하고 대규모 건조물이다. 때문에 여러 가지 사안을 비교하기 위해 '도쿄 돔의 ○개 분'과 같은 식으로 도쿄 돔을 기본으로 하는 경우가 자주 있다.

그 토대가 되는 수치는 무엇일까? 바로 도쿄 돔의 넓이와 부피를 하나하나의 기준으로 삼는 것이다.

공식 발표에 따르면 도쿄 돔의 넓이는 4만 6,755m², 부피는 124만m³이다. 넓이 = 4만 6,755m², 부피 = 124만m³을 기준치 1이라고 생각하고 계산하는 것이다.

도쿄 돔이 완성하기 이전에는 고라쿠엔 구장의 넓이로 환산한 시대가 있었다.

마찬가지로 부피의 환산 단위로는 가스미가세키 빌딩과 마루노우치 빌딩 등을 이용한 시대가 있었다.

지방마다 기준으로 삼는 건조물은 다르며 홋카이도에서는 삿포로 돔, 나고야에서는 나고야 돔, 오사카에서는 한신 고시엔 구장, 규슈에서는 후쿠오카 돔 등이 이용되기도 한다.

넓이와 부피 이외에 높이를 비교하는 일도 있다.

도쿄 타워와 스카이트리, 후지산, 통천각 등이 그에 해당할 것이다. 이처럼 누구나 알고 있는 것을 기준으로 해서 비교하면 어느 정도의 크기인지(몇 개 분인지)를 쉽게 짐작할 수 있다.

기준으로 하는 것을 '1'로 하므로 비율을 응용한 예라고 할 수 있다.

도쿄 돔

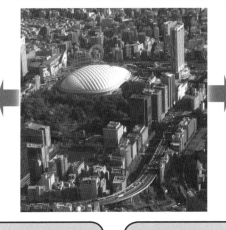

크기(부피)를
비교할 때
사용된다.

넓이를
비교할 때
사용된다.

도쿄 돔의 부피	도쿄 돔의 넓이

124만m³

4만 6,755m²

(바깥둘레 포함)

이 수치를 기준(1로 생각한다)으로 대상이 되는 것을
○개 분이라고 나타낸다.

숫자만 보고서는 어느 정도 크기인지 유추하기 어렵지만,
유명한 것과 비교하면 크기를 쉽게 상상할 수 있다.

수학 한마디 메모

일본의 국토에 도쿄 돔을 나열하면 어느 정도 들어갈까? 일본의 국토는
약 37만 8,000km²이므로 4만 6,755m²로 나누면 약 808만 개나 들어간
다는 계산이 나온다.

31 엥겔지수를 조사하는 식

> 식료품에 든 비용 ÷ 가계의 전체 지출액 × 100

엥겔지수란 한 세대별 가계의 소비 지출에서 식료품 구입에 든 비용이 어느 정도의 비율인지를 나타내는 수치를 말한다. 1857년 독일의 통계학자인 에른스트 엥겔이 처음으로 논문에서 발표한 것에서 엥겔지수라고 불리게 됐다.

엥겔지수는 '엥겔지수(%) = 식료품 구입에 든 비용÷가계의 전체 지출액×100'으로 구할 수 있다.

식료품비(식량 · 음료)는 살아가기 위해 절대로 필요한 것이다. 그것은 인간이 생존하기 위한 최소 필요한 비용이다. 그 비율이 바로 엥겔지수이다. 전체 가계에 대해 식료품 구입에 든 금액 비율이 높은 세대일수록 생활수준이 낮다고들 말했다.

경제가 성장하면 그에 수반해서 생활수준도 향상한다. 때문에 엥겔지수는 감소 추세에 있다고 생각하는 것이 일반적으로 여겨졌다.

엥겔지수의 높고 낮음은 생활수준을 나타내는 지수로 사용되지만 가구당 인원수와 인구에 차지하는 생산 연령의 비율, 연간 소득의 흐름과 토지, 금융 자산 같은 스톡의 관계 등을 고려하면 들어맞지 않는 경우도 있다. 연간 플로(임금 등)가 적어도 스톡이 많은 가정에서는 레스토랑 등 외식하는 기회가 늘어나면서 엥겔지수가 높아지기 때문이다. 2016년 가계 조사에 의하면 평균 세대(가구)의 엥겔지수는 25.8%이다.

엥겔지수

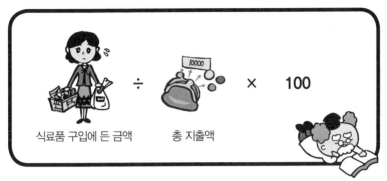

식료품 구입에 든 금액 ÷ 총 지출액 × 100

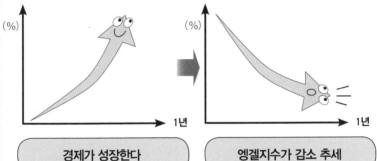

(%) 1년

경제가 성장한다

(%) 1년

엥겔지수가 감소 추세

세대별로 본 엥겔지수

(2017년, 일본)

총 세대 → 25.5%
2인 이상 → 25.7%
1인 가구 → 24.5%

(출처 : 가계조사 결과 −일본 총무성)

최근의 엥겔지수는
총 지출에 대해 약 25%
정도로 나타나고 있다.

수학 한마디 메모

엥겔지수는 총 세대로 보면 1963년에는 약 40%였지만, 이후 일본의
경제 성장과 함께 계속 내려가 2005년에는 22.7%까지 됐다. 이후 서
서히 상승하는 추세이다.

32 빛 & 소리의 속도를 사용해서 다양한 것을 조사한다

빛의 초속 = 약 30만km, 소리의 초속 = 약 340m

진공에서 빛의 속도, 즉 광속도는 299792458m/s로 정의된다. 다시 말해 1초간 약 30만km 진행한다는 뜻이다.

태양에서 지구까지의 거리는 1억 4,960만km이니까 약 8분 20초, 달에서 지구까지의 거리는 38만 4,400km이므로 1초가 조금 넘는다는 계산이 나온다.

지구의 둘레는 적도를 한 바퀴 돌면 약 4만 77km이니까 1초간 지구를 약 7바퀴 반 가까이 돈다. 빛은 우주에서 가장 속도가 빠른 것으로 여겨지며 물리학에서는 시간과 공간의 기준이 되는 특별한 의미를 갖는 값이기도 하다. 광속도를 나타내는 기호는 일반적으로 c를 사용한다.

그럼 음(소리)의 속도는 어떨까? 소리의 속도 단위는 '마하'로 나타낸다. 소리는 기온과 기압에 영향을 받으므로 그 상태에서 다소의 변동은 있지만 편의상 시속 1,225km라고 사용한다. 초속으로 환산하면 약 340m이다.

현재 운용되고 있는 여객기는 시속 800km에서 900km를 낼 수 있다. 프랑스와 영국이 공동 개발한 초고속기 콩코드는 마하 2를 낸다고도 했다. 마하 1이 시속 1,225km이므로 무려 시속이 2,450km인 셈이다.

한편 30만km ÷ 0.34km = 882353에 의해 광속도는 음속의 약 88만 배에 달하는 속도인 것을 알 수 있다.

번개가 친 후에 소리가 전해지는 것은 이러한 빛과 소리의 속도 차이 때문이다.

빛의 속도

지구 — 1억 4,960만km — 태양

빛 ▷▷ 초속 약 30만km
약 8분 20초

지구 — 38만 4,400km — 달

빛 ▷▷ 초속 약 30만km
약 1.2초

소리의 속도

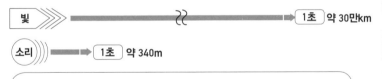

빛 ▷▷ 〜〜 → 1초 약 30만km

소리))) → 1초 약 340m

빛의 속도는 소리의 속도의 약 88만 배!

빛의 속도를 처음으로 측정한 것은
1676년 9월, 덴마크의 수학자이며 천문학자였던
올레 뢰머이다.

수학 한마디 메모

빛과 소리의 속도에서 벼락이 떨어진 지점이 자신이 있는 장소에서
어느 정도 떨어져 있는지 대략의 거리를 계산할 수 있다. 번개가 빛
나고 나서 소리가 들리기까지의 초×340m로 계산할 수 있다.

33 지진 규모와 진도에는 어떤 관계가 있는가?

지진 규모가 1 증가하면 지진 에너지는 약 32배

지진 규모란 지진이 발생하는 에너지의 크기를 로그로 나타낸 수치를 말한다. 흔들림의 크기를 나타내는 진도와는 다르다. 이를 처음 고안한 것은 미국의 지진학자 찰스 리히터이다.

지진 규모와 진도는 다르다. 진도는 지진이 발생했을 때 흔들림의 크기를 나타내는 숫자이며, 지진 규모는 에너지의 크기를 나타낸다. 따라서 같은 지진 규모라도 ○○시는 진도 5, △△시는 진도 4와 같은 식으로 지역에 따라서 진도가 다른 것은 그 때문이다. 진도는 각 지역에 설치된 진도계로 계측한 값을 근거로 결정한다.

지진 규모는 그 값이 1 증가할 때마다 그 지진의 에너지는 약 32배 커진다. 가령 2 증가하면 32×32이므로 에너지는 약 1,024배 커진다.

지진 규모 8은 지진 규모 7의 약 32배에 달하는 에너지, 지진 규모 7.2는 지진 규모 7의 에너지보다 약 2배 크다.

진원지에서 가까울수록 진도가 크고 진원지에서 멀수록 진도가 작다. 기상청이 정의하고 있는 진도의 등급은 10단계로 분류된다.

거의 흔들림을 느끼지 않는 진도 0에서 진도 1, 2, 3, 4, 5약, 5강, 6약, 6강, 7의 10단계로 구분된다. 2011년 3월 11일에 발생한 동일본대지진의 지진 규모는 9.0이었고 미야기현에서는 진도 7이 관측됐다.

진도 단계별 실내에서 느끼는 정도

진도 0	지진계는 감지하지만 사람들은 흔들림을 느끼지 못한다.
진도 1	지진과 흔들림에 민감하거나 과민한 한정된 일부 사람들이 지진을 알아차린다. 현기증이라고 착각한다.
진도 2	많은 사람들이 지진이라는 것을 느끼고 수면 중인 사람들의 일부는 잠에서 깬다. 천장에 매달린 전등의 끈이 좌우 수cm 정도의 진폭으로 흔들린다.
진도 3	대부분의 사람들이 흔들림을 느낀다. 흔들리는 시간이 길게 이어지면 불안과 공포를 느끼는 사람들이 나온다. 포개 놓은 그릇 등 식기가 흔들리며 소리가 난다.
진도 4	대부분의 사람들이 공포를 느끼고 신체의 안전을 고려한다. 책상 아래에 숨는 사람들이 나타난다. 수면 중인 사람들의 대다수가 눈을 뜬다. 매달린 물건은 크게 흔들린다. 식기끼리 부딪혀서 소리를 낸다. 중심이 높은 물건 등이 넘어지기도 한다.
진도 5 약	대부분의 사람들이 공포를 느끼고 몸의 안전을 기한다. 보행에 지장이 생긴다. 천장에서 매달린 전등을 비롯해 늘어뜨린 물건의 대부분이 크게 흔들리고 가구는 소리를 내기 시작한다. 중심이 높은 서적이 책장에서 떨어진다.
진도 5 강	공포를 느끼고 대다수의 사람들이 행동을 중단한다. 식기 선반 등 선반 안에 있는 것이 떨어진다. 텔레비전이 장식장에서 떨어지는 일도 있다. 일부의 문이 떨어지거나 개폐할 수 없게 된다. 실내에서 떨어진 물건에 맞거나 구르는 등 부상자가 나온다.
진도 6 약	서 있는 것이 곤란하다. 고정되어 있지 않은 무거운 가구의 대부분이 움직이거나 넘어간다. 열리지 않는 문이 많다.
진도 6강	서 있을 수 없고, 기지 않으면 움직일 수 없다.
진도 7	낙하물과 흔들림 때문에 자유의사로 행동할 수 없다. 대부분의 가구가 흔들리는 방향에 맞춰 이동한다. 가전제품 중 수킬로그램 정도의 물건이 튕겨 날아가는 일이 있다.

(일본 기상청 진도 계급 관련 해설표에서 작성. 위키피디아에서)

▲ 동일본대지진은 지진 규모 9.0, 진도 7을 기록했다.

수학 한마디 메모

기록이 남아 있는 지진 가운데 가장 큰 지진은 1960년 5월에 칠레에서 일어난 지진이다. 추정 지진 규모는 9.5이고 지진 후 동북 지방의 태평양에 거대한 쓰나미가 닥쳤다.

지진 규모와 진도에는 어떤 관계가 있는가?

34 자산이 2배가 되는 이율을 조사하는 방식

> **72 ÷ 연이율 = 원금이 2배가 되는 기간(년수)**

이 식은 자산 운용에서 원금이 2배가 되려면 몇 년이 걸리는지를 구할 때 활용하는 식이다. '72÷연이율 = 원금이 2배가 되는 기간(년수)'을 구하는 식은 '연이율×원금이 2배가 되는 기간(년수) = 72'라는 식으로도 나타낼 수 있다. 72의 법칙이라고도 한다.

이 식의 연이율(%)에 복리를 적용하면 원금이 2배가 되는 데 필요한 기간이 구해진다. 다시 말해 투자의 세계에서는 연수에 운용 연수를 적용하면 원금(元金)이 2배가 되는 데 필요한 연이율이 구해진다.

원금 A가 2배가 되는 연이율 r과 기간 N의 관계는 다음의 식으로 표현할 수 있다.

$$2A = A(1 + r)^N$$

이 식은 단순히 자신의 자산이 2배가 되려면 몇 년이 걸리는지를 구하는 것 외에도 빚을 변제하지 않으면 몇 년 뒤에 빌린 금액의 2배가 되는지를 구하는 데도 활용할 수 있다. 예를 들면 연이율 18%에 100만 원을 빌린 경우 72÷18 = 4가 되어 4년 후에 빚은 200만 원이 된다.

비합법적인 금융기관에서 연이율 50%라는 어마무시한 금리로 돈을 빌리면 72÷50 = 1.44, 즉 1년 반도 안 되는 기간에 빌린 원금이 2배로 불어난다는 계산이다.

72의 법칙을 발견한 사람은 명확치 않지만 문헌상에 처음 등장한 것은 이탈리아 수학자 루카 파치올리가 1494년에 출판한 스무머라고 불리는 수학서이다.

72의 법칙

$$\boxed{72} \div \boxed{\text{연이율}} = \left(\text{2배가 되는 데 필요한 기간}\right)$$

시중은행의 보통 예금 금리는

$$\boxed{0.001\%}$$

⬇

┌ ─ ─ ─ ─ ─ ─ ─ ─ ─ ─ ─ ─ ─ ─ ─ ─ ─ ─ ┐
100만 원 예금했을 때 200만 원이 되는 기간
└ ─ ─ ─ ─ ─ ─ ─ ─ ─ ─ ─ ─ ─ ─ ─ ─ ─ ─ ┘

$$72 \div 0.001 = \;\; 72{,}000년$$

> 버블 무렵에는 연이율 6%라는 정기예금도 있었다.
> $72 \div 6 = 12$년에 원금이 2배가 된다는 계산이다!(근사치)

금리 이야기

100만 원을 금리 8%로 대출해서 10년 걸려 상환하면 매월 약 1만 2천 원씩 상환하게 되어 총액으로는 약 146만 원을 지불하게 된다. 금리 8%에도 이런 액수가 된다!

※원금 상환 계산

수학 한마디 메모

72로 연이율을 나누면 원금이 2배가 되는 이유에 대해서는 수학적으로 상당히 해설이 어려우므로 생략하겠지만, $2A = A(1 + r)^N$에서 2의 자연 로그가 0.693이 되어 72에 가까운 수치가 되기 때문이다.

35 GDP가 어느 정도인지를 조사한다

GDP = 개인 소비 + 기업 투자 + 무역수지 + 정부 지출

GDP란 국내총생산을 말하며 일정 기간에 국내에서 산출된 부가가치의 총액을 말한다. 국민 전체가 번 총액이라고 생각하면 된다. 외국에서 생산된 수입품은 GDP에는 포함되지 않는다.

현재 국가 경제의 모습을 나타내는 지표로는 GDP(국내총생산)가 중시되고 있지만, 국가 경제를 나타내는 또 한 가지 지표에 GNP(국민총생산)가 있다.

1980년대 무렵까지는 이 수치를 중요하게 생각했다.

GNP의 수치는 외국에 사는 자국민의 생산량은 포함하지만 국내에서 경제 활동을 하는 외국인의 생산량은 포함하지 않는다. 시대의 흐름과 함께 국가를 단위로 하는 경제 지표로서는 시대에 맞지 않는다고 판단된 것이다.

GDP는 크게 나누어 2종류가 있다.

하나가 '명목 GDP'이고 또 하나가 '실질 GDP'이다. 명목 GDP는 물가 변동을 포함하는 경제 활동을 나타내는 시장 가격으로 평가한 수치이며, 실질 GDP는 물가 변동을 제외한 수치이다.

예를 들어 10만 원짜리 자전거가 1년에 10대 팔렸다고 하자. 그해는 물가 변동이 없었기 때문에 10만 원×10대=100만 원이 실질 GDP가 된다.

한편 물가 변동으로 1대에 12만 원이 되면 12만 원×10대=120만 원이고, 이쪽은 명목 GDP가 된다. 실질 GDP는 수량으로, 명목 GDP는 금액을 기준으로 평가한다.

GDP는 국내 부가가치의 총합

| 농가 | (1리터의 우유를 생산하여 제조사에 1,000원에 팔았다.) | 부가가치 1,000원 | **Ⓐ** |

| 제조사 | (우유로 치즈를 만들어 도매점에 2,000원에 팔았다.) | 부가가치 1,000원 | **Ⓑ** |

| 도매점 | (제조사로부터 구입한 치즈를 소매점에 2,500원에 팔았다.) | 부가가치 500원 | **Ⓒ** |

| 소매점 | (구입한 치즈를 소비자에게 3,500원에 팔았다.) | 부가가치 1,000원 | **Ⓓ** |

부가가치의 합계 **Ⓐ** + **Ⓑ** + **Ⓒ** + **Ⓓ** = 3,500원

부가가치의 합계는 3,500원이다.
이것이 GDP의 기본적인 개념이다.

GDP ──→ 명목 GDP = 물가 변동을 고려한다.
　　 ──→ 실질 GDP = 물가 변동을 고려하지 않는다.

※경제지표의 기본이 되는 수치가 실질 GDP이다.

수학 한마디 메모

육아나 가사와 같이 금액으로는 나타낼 수 없는 것이 있다. 주부가 청소와 세탁 같은 가사 노동을 아무리 해도 돈은 발생하지 않는다고 여겨 GDP에는 포함되지 않는다. 경제학에서 검토해야 할 문제 중 하나로 제기되고 있다.

GDP가 어느 정도인지를 조사한다

36 경제가 얼마나 성장했는지를 조사하는 식

경제 성장률 = (현재 분기의 GDP − 직전 분기의 GDP) ÷ 직전 분기의 GDP

경제 성장률이란 1사분기(3개월)와 1년과 같이 일정 기간에 경제에 얼마큼 GDP의 움직임이 있었는지 그 변화를 백분율인 %로 나타낸 것이다.

기본이 되는 숫자는 GDP(국내총생산)이다. 앞에서 설명했지만 GDP에는 실질 GDP와 명목 GDP가 있다. 경제 성장률에도 실질 성장률과 명목 성장률이 있다. 물가 상승, 인플레이션분이 들어가 있는 것이 명목 성장률이므로 물가 상승분을 조정한 수치가 실질 성장률이 된다.

일반적으로 물가 상승분을 조정한 실질 GDP 수치를 토대로 한 실질 경제 성장률을 경제 성장률이라고 부른다.

실질 경제 성장률의 이점은 물가 변동 영향이 제외되어 있기 때문에 시간에 따른 변화를 비교하기 쉽다는 점이다. 그러나 물가 변동과 합쳐서 산출해야 해서 계산이 번거로우며 또한 명목 경제 성장률이 실감에 가까운 경우도 있다.

1959~1973년 고도 경제 성장기의 경제 성장률은 평균 10%를 웃돌았다. 그러나 버블이 꺼진 후인 1990년대 이후 경제는 저성장 시대를 거쳐 현재에 이르고 있다.

2018년 6월 19일 경제산업성은 2018년 실질 경제 성장률은 2.4%, 2019년을 2.0%로 전망한다고 발표했다. 덧붙이면 2016년은 1.4%, 2017년은 1.1%로 나타났다.

아베정권 이후의 실질 GDP 성장률 추이

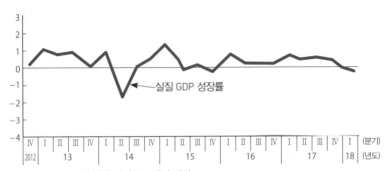

실질 GDP 성장률

	IV	I	II	III	IV	I	II	III	IV	I	II	III	IV	I	II	III	IV	I	II	III	IV	I	(분기)
	2012		13				14				15				16				17			18	(년도)

※내각부의 2018년 연차 경제 보고에서 작성

각국의 명목 국내총생산 순위 변동

	1987년	1997년	2007년	2017년
1위	미국	미국	미국	미국
2위	일본	일본	일본	**중국**
3위	서독	서독	**중국**	일본
4위	프랑스	영국	독일	독일
5위	이탈리아	프랑스	영국	프랑스
6위	영국	이탈리아	프랑스	영국
7위	소비에트	**중국**	이탈리아	인도
8위	캐나다	브라질	스페인	브라질
9위	**중국**	캐나다	캐나다	이탈리아
10위	스페인	스페인	브라질	캐나다

※2017년은 추정

중국이 눈에 띄게 성장한 것을 알 수 있다.

수학 한마디 메모

2017년 191개국을 대상으로 한 경제 성장률 순위를 보면 제1위는 리비아, 2위는 에티오피아이다. 일본은 무려 191개국 중 150위이다.

경제가 얼마나 성장했는지를 조사하는 식

37 니케이 평균 주가와 TOPIX를 조사한다

니케이 평균 주가 = 225종목의 평균값

니케이 평균 주가란 도쿄증권거래소1부에 상장한 회사 중에서 선정된 225기업 주가의 평균값, 다시 말해 225종목의 평균 주가를 말한다. 니케이 225라고도 불린다. 1991년 9월까지는 니케이 평균 주가 산출 대상 종목을 선정하는 방식은 매우 단순했다. 재량적인 판단에 의해 종목을 교체하지 않고 채용 종목이 도산하거나 합병해서 소멸한 경우에만 종목을 보충해서 225종목을 유지하는 식이었다.

1991년 9월 이후는 현저하게 유동성이 결여된 종목은 제외한다는 규칙이 추가되어 현재 구성되어 있는 225종목에서는 패스트리테일링(*일본 의류 무역 전문 업체) 1사의 가격 움직임이 니케 평균 주가지수 전체 가격 움직임의 약 8%를 차지한 적이 있다. 주가 기여도 상위인 KDDI, 화낙(Fanuc), 소프트뱅크, 교세라의 5개 회사에서 주가지수 전체의 약 20%를 차지하며 이 5사의 주가가 니케이 평균 주가에 큰 영향을 미치고 있다.

TOPIX(토픽스)란 도쿄증권거래소 주가지수를 말한다. 니케이 225와 달리 주식 시장 전체의 상장 움직임을 지수화한 것이다. 산출 개시일은 1969년 7월 1일이고 그 시점의 시가 총액을 100으로 정하고 이것과 비교해서 어떻게 변화했는지 그 비율을 수치화하고 있다. 니케이 평균 주가는 엔으로 표기하지만 TOPIX는 비율이므로 포인트로 나타낸다. 버블 시에는 2,884.8포인트까지 상승했지만 2018년 9월 28일 현재 1,817.25포인트로 나타났다.

2013년 1월부터의 니케이 평균 주가 움직임

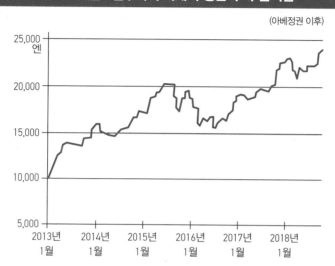

(아베정권 이후)

25,000
엔

20,000

15,000

10,000

5,000

2013년   2014년   2015년   2016년   2017년   2018년
1월   1월   1월   1월   1월   1월

▲ 도쿄증권거래소

▲ 거래소 내 마켓센터

니케이 평균 주가의 최고치는
1989년 12월 29일 거래 시간 중에 기록한 3만 8,957엔이다.

수학 한마디 메모

패스트리테일링 같은 대형주가 주가를 의도적으로 끌어 올려 니케이
평균 주가를 자기가 유리한 가격으로 유도하는 투기적인 거래도 종종
이루어져 문제가 되고 있다.

니케이 평균 주가와 TOPIX를 조사한다

수와 식 딱 좋은 이야기
그리스 시대부터 시작된
행복을 구하는 수학

빠르고 정확하게 계산할 수 있어 다양한 공식과 도형의 정리 등을 이해하며, 그것을 기억하는 것이 수학 공부라고 생각하는 사람이 있다. 또한 일반인이 수학을 활용하는 것은 입학시험 문제를 풀 때 정도이다.

경제학이나 사회학과 심리학에서도 수학이 등장하기는 하지만 이과 계열보다는 접할 기회가 훨씬 적다. 때문에 수학과 연이 없는 사람이 많을지도 모른다. 그러나 수학의 역사를 조사하면 수학에 매료된 많은 사람을 발견할 수 있다.

수학이 시작된 것은 고대 그리스 무렵부터라고 한다. 그 이후의 주요 수학자를 조사하는 과정에서 한 가지 사실을 발견했다. 그것은 수학만으로 업적을 남긴 학자는 손에 꼽을 정도로 적다는 것이다.

가장 눈에 띈 것은 수학자이자 철학자라는 조합이다. 고대 그리스의 피타고라스, 탈레스, 17세기경 프랑스의 파스칼, 데카르트, 같은 시기의 독일의 라이프니츠 등이다. 다음으로 눈에 띈 것이 수학자와 물리학자의 조합이다. 고대 그리스의 아르키메데스, 17세기의 뉴턴, 프랑스의 페르마 등이다. 수학자와 기술자의 조합도 있다. 기원전 2세기경 알렉산드리아의 헤론, 17세기경 이탈리아의 체바 등이다. 많은 수학자가 수학만으로 생활하는 것이 어

사회인이 되면 수학과 접할 기회가 적어지지만, 돌아보면 새로운 사실을 발견할지 모른다.

려웠을 거라는 것 외에도 또 다른 이유가 있을 것 같다.

수학의 수와 수식은 일정한 약속과 규칙에 따라 성립된다. 황금비와 같이 눈으로 봤을 때 아름다운 형태와 도형이 있다. 이들의 신비한 아름다움이 철학자와 과학자를 매료시킨 것은 아닐까 추측할 수 있다. 지상의 인간과 우주의 별과 달과 태양 같은 자연계를 생각하는 철학자가 수학에 관심을 품는 것은 어쩌면 자연스러운 흐름이 아니었을까?

수학을 이용해서 과학 기술이 발전되고 근대 문명이 구축된 것도 사실이지만, 사실 수학은 실리적인 자연과학과 사회과학의 단순한 도구일 뿐 아니라 수학 그 자체에 아름다움이 있다. 규칙적으로 나열한 수열과 대칭을 이루는 삼각함수의 아름다운 곡선 그래프를 보고 감동하는 사람도 많지 않을까?

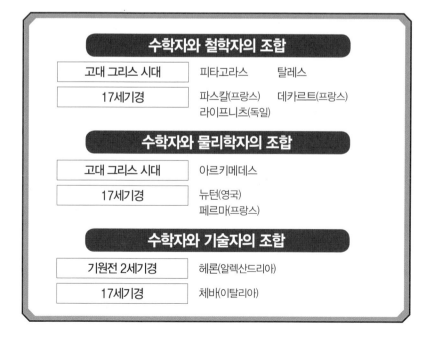

수학자와 철학자의 조합

고대 그리스 시대	피타고라스	탈레스
17세기경	파스칼(프랑스) 라이프니츠(독일)	데카르트(프랑스)

수학자와 물리학자의 조합

고대 그리스 시대	아르키메데스
17세기경	뉴턴(영국) 페르마(프랑스)

수학자와 기술자의 조합

기원전 2세기경	헤론(알렉산드리아)
17세기경	체바(이탈리아)

이차방정식의 근의 공식은 인생에 도움이 되는가?

10여 년 전 어느 작가가 수학의 이차방정식의 근의 공식을 거론하고 수학 교육에 대해 비판적인 의견을 설명했다. 왜 이런 오해가 반복되는지를 이차방정식을 예로 들어 생각해보기로 한다.

이차방정식의 일반형은 다음과 같다. $ax^2+bx+c = 0 \ \ (a \neq 0)$

x는 변수로 a, b, c는 상수이다. 이차방정식의 근의 공식은

$x = \dfrac{-b \pm \sqrt{b^2-4ac}}{2a}$ 이다.

계산이 조금 번거롭지만 기본적인 인수분해 방법을 알고 있으면 답을 낼 수 있다. 혼자 힘으로 문제를 푼 순간 뭐라고 말할 수 없는 성취감을 느낀 중·고등학생도 있다고 생각한다. 2020년 초등학생부터 프로그래밍 수업이 도입된다. 이차방정식의 근의 공식을 도출하는 프로세스는 프로그래밍의 논리적 사고를 기르는 훈련과 같다. 수학에 대해서 어떻게 마주할지가 좋고 싫고의 갈림길과 같은 기분이 든다. 업무에서도 공부에서도 놀이에서도 결과뿐 아니라 도중의 프로세스를 즐기느냐 그렇지 못하느냐는 삶의 방식과도 관계된다.

수학을 결과에만 고집하는 거라면 '할 수 있다·할 수 없다'는 것만 신경이 쓰여 공식을 암기하는 것이 고통이고 수학이 싫어지는 것은 당연할지 모른다. 결과를 크게 신경 쓰지 않으면 수학을 꽤 재미있다고 여길 수 있다. 수학도 소설이나 TV 드라마처럼 프로세스를 즐길 수 있다면 인생이 재미있지 않을까?

참고문헌

- 〈읽는 수학 기호〉 세야마 시로 저, 카도가와소피아문고
- 〈처음으로 읽는 수학의 역사〉 우에가키 와타루 저, 카도가와소피아문고
- 〈'수학'으로 생각하면 일의 90%가 잘 된다〉 쿠보 유키야, 추케이출판
- 〈재미있을수록 쉽게 이해하는 미적분〉 오오가미 다케히코 감수, 일본문예사
- 〈아이에게 전하고 싶은 3가지 힘〉 사이토 타카시, NHK출판
- 〈아이의 사회력〉 가도와키 아츠시 저, 이와나미서점
- 〈어른에게 도움이 되는 산수〉 고미야마 히로히토 저, 문예춘추
- 〈우리아이에게 진정한 학력을 붙이는 책〉 고미야마 히로히토 저, 선마크출판
- 〈새로운 수학 1 · 2 · 3〉 도쿄서적
- 〈신 편수학 II〉 도쿄서적
- 〈생각지 않게 가르치고 싶은 수학66의 신비〉 나카다 노리오 저, 레이메이서방
- 〈수학 공식 이야기〉 오무라 히토시 저, 일본과학기술연맹
- 〈수학을 안다〉 아사히신문사
- 〈산수·수학의 초기본!〉 畑中敦子/도쿄리갈마인드 편저
- 〈만화·수학 소사전〉 아베 고지, 강담사
- 〈암파수학입문사전〉 이와나미서점
- 〈조금 현명해지는 단위 이야기〉 가사쿠라출판사
- 〈조금 현명해지는 수식 이야기〉 가사쿠라출판사
- 〈생활에 도움이 되는 고교 수학〉 사타케 다케우미 편저, 일본문예사
- 〈재미있을수록 쉽게 이해하는 수학〉 고미야마 히로히토 저, 일본문예사
- 〈돈의 흐름을 알 수 있는 세계의 역사〉 오무라 오지로 저, KADOKAWA
- 〈현대 용어의 기초 지식〉 자유국민사
- 〈모르면 창피한 세계의 대문제〉 이케가미 아키라 저, 카도가와매거진
- 〈세상의 구조 잡학 사전〉 猪又庄三 저, 이케다서점
- 〈경제학은 배우다〉 이와다카쿠오 저, 치쿠마신서

125

후기를 읽으려고 하는 사람은 분명 이 책을 마지막까지 읽었을 것입니다. 여기서는 나의 수학에 대한 생각을 적어보고자 합니다. 우선 수학이 싫어지는 원인을 생각해 봤습니다. 수학은 할 수 있다, 할 수 없다가 확실한 교과라고 생각합니다. 문제를 푸는 것만 수학 공부라고 착각하기 쉽습니다. 정답이면 기분이 좋고 틀리면 침울해집니다. 학교에서의 배움을 오로지 시험을 위해서라는 목적으로 압축해서 공부하는 부모와 아이가 늘고 있습니다. 이런 사람들에게 수학의 할 수 있다, 할 수 없다는 성적이 좋은지 나쁜지의 척도가 되어 압박을 받습니다.

최근의 교육심리학과 교육사회학의 연구에서는 인간에게는 다양한 능력이 있다는 것을 알게 됐습니다. 학교 성적과 IQ(지능지수)만으로는 판단할 수 없는, 자신도 알아차리지 못한 능력이 잠들어 있다는 얘기입니다. 수학은 할 수 있다, 할 수 없다를 대단히 측정하기 쉬운 교과입니다. 또한 수학 문제를 잘 풀면 IQ가 높고 머리가 좋다고 여깁니다.

할 수 있다, 할 수 없다는 것에 그만 집착해버려 수학은 너무 싫다! 라는 사람이 늘어버린다면 대단히 불행한 일이 아닐까요? 할 수 있다, 할 수 없다는 것에 지나치게 얽매이면 결과에만 관심이 가버립니다. 문제를 풀지 못했을 때의 좌절감이 강하면 왜 자신은 틀린 걸까라는 것을 검증하는 기분조차 잃기 쉽습니다. 검증하는 것을 여기서 그만 두면 인간의 소중한 능력의 하나인 메타 인지가 발달하지 않을 가능성이 있습니다. 메타 인지란 사전에는 자신이 자신의 마음의 작용을 감시하고 제어하는 것이라고 나와 있습니다. 교육의 세계라면 학습한 것을 자신이 검증하는 능력이라고 받아들여도 좋다고 생각합니다. 수학 문제를 틀린다면 검증할 필요가 있습니다. 틀린 것을 검증하려면 생각한 과정을 좇아가지 않으면 안 됩니다. 자신의 사고를 검증하는 것과 비슷합니다.

실은 수학은 프로세스를 대단히 중요시하는 학문입니다. 틀렸다는 것이 분명하다면 어디가 틀렸는지를 검증하지 않으면 항상 같은 문제를 틀리고 최후에는 나는 수학은 안 된다고 하는 사태가 되고 맙니다. 수학을 좋아하려면 결과 중시에서 프로세스 중시의 배움 방법으로 전환해야 합니다.

할 수 있다, 할 수 없다를 타인과 비교하지 않는 것이 수학의 전문가가 되는 키워드입니다. 잘 생각하고 아무리해도 모를 때는 펜을 내려놓고, 여기서 조금 멈추고 다른 문제를 생각하거나 몸을 움직이는 것도 효과적입니다. 가능한 한 힘낸 후 다른 일을 생각하는 것이 포인트입니다. 그리고 나서 검증해봅시다.

나는 스포츠클럽에서 요가 레슨을 받고 있는데 대부분의 강사가 다음과 같은 말을 합니다. 요가는 다른 사람은 신경 쓰지 않습니다. 옆 사람의 포즈와 같지 않아도 되며, 비교할 필요도 없습니다. 하지만 최대한 자신이 가능한 곳까지 힘냅시다! 이 덕분에 스포츠와 몸을 움직이는 것에 전문적이라고 할 수 없는 내가 7년 가까이 계속하고 있습니다. 수학의 배움과 같다고 생각하면서 레슨을 받고 있습니다.

고미야마 히로히토

잠 못들 정도로 재미있는 이야기

수(數)와 수식(數式)

2020. 7. 31. 초 판 1쇄 인쇄
2020. 8. 5. 초 판 1쇄 발행

감　수 | 고미야마 히로히토(小宮山博仁)
감　역 | 김지애, 기승현
옮긴이 | 김정아
펴낸이 | 이종춘
펴낸곳 | **BM** (주)도서출판 **성안당**
주소 | 04032 서울시 마포구 양화로 127 첨단빌딩 3층(출판기획 R&D 센터)
　　　 | 10881 경기도 파주시 문발로 112 출판문화정보산업단지(제작 및 물류)
전화 | 02) 3142-0036
　　　 | 031) 950-6300
팩스 | 031) 955-0510
등록 | 1973. 2. 1. 제406-2005-000046호
출판사 홈페이지 | **www.cyber.co.kr**
ISBN | 978-89-315-8886-6 (03410)
　　　 | 978-89-315-8889-7 (세트)
정가 | 9,800원

이 책을 만든 사람들
책임 | 최옥현
진행 | 최동진
본문 · 표지 디자인 | 이대범
홍보 | 김계향, 유미나
국제부 | 이선민, 조혜란, 김혜숙
마케팅 | 구본철, 차정욱, 나진호, 이동후, 강호묵
마케팅 지원 | 장상범, 조광환
제작 | 김유석

"NEMURENAKUNARUHODO OMOSHIROI ZUKAI KAZU TO SUSHIKI NO HANASHI"
supervised by Hirohito Komiyama
Copyright ⓒ NIHONBUNGEISHA/Hirohito Komiyama 2018
All rights reserved.
First published in Japan by NIHONBUNGEISHA Co., Ltd., Tokyo

This Korean edition is published by arrangement with NIHONBUNGEISHA Co., Ltd.,
Tokyo in care of Tuttle-Mori Agency, Inc., Tokyo through Duran Kim Agency, Seoul.

Korean translation copyright ⓒ 2020 by Sung An Dang, Inc.

이 책의 한국어판 출판권은 듀란킴 에이전시를 통해 저작권자와
독점 계약한 **BM** (주)도서출판 **성안당**에 있습니다. 저작권법에 의하여
한국 내에서 보호를 받는 저작물이므로 무단전재와 무단복제를 금합니다.